世界级心理学大师 **理查德·怀斯曼** 顶级巨作

正能量2

THE LUCK FACTOR

幸运的方法

[英] 理查德·怀斯曼（Richard Wiseman） 著

符泉生 何金娥 译

坚持正能量，人生不畏惧

C^S | 湖南文艺出版社
HUNAN LITERATURE AND ART PUBLISHING HOUSE

博集天卷
CS-BOOKY

图书在版编目（CIP）数据

正能量 . 2, 幸运的方法 /（英）怀斯曼（Wiseman,R.）著；符泉生，何金娥译 . —长沙：湖南文艺出版社，2013.7

书名原文：The luck factor

ISBN 978-7-5404-6238-3

Ⅰ . ①正… Ⅱ . ①怀… ②符… ③何… Ⅲ . ①成功心理—通俗读物 Ⅳ . ① B848.4-49

中国版本图书馆 CIP 数据核字（2013）第 116093 号

著作权合同登记号：18-2013-242

上架建议：励志·成功心理学

正能量 2：幸运的方法

作　　者：（英）理查德·怀斯曼（Richard Wiseman）
译　　者：符泉生　何金娥
出 版 人：刘清华
责任编辑：薛　健　刘诗哲
监　　制：蔡明菲　潘　良
特约编辑：温雅卿
营销编辑：刘碧思
版权支持：辛　艳
封面设计：主语设计
版式设计：李　洁
出版发行：湖南文艺出版社
　　　　　（长沙市雨花区东二环一段 508 号　邮编：410014）
网　　址：www.hnwy.net
印　　刷：北京嘉业印刷厂
经　　销：新华书店
开　　本：880mm×1270mm　1/32
字　　数：180 千字
印　　张：7.5
版　　次：2013 年 7 月第 1 版
印　　次：2013 年 7 月第 1 次印刷
书　　号：ISBN 978-7-5404-6238-3
定　　价：29.80 元
（若有质量问题，请致电质量监督电话：010-84409925）

假如一个不幸的人去卖雨伞，大雨会停止；假如他去卖蜡烛，太阳会永不落山；假如他去做棺材，人们会长生不老。

——意第绪格言

把一个幸运的人扔进海里，他会衔着一条鱼爬上岸来。

——阿拉伯谚语

>>>>>>

目录

CONTENTS

The
Luck
Factor

正能量
❷

第一部分
为何幸运的人总是幸运

　　运气能把不可能的事情变成可能，它能带来生与死、兴与衰、喜与悲的巨大差别。运气是潜藏于我们生命中的能量，这股能量能在短短几秒之内改变一切，不分时间、地点，也不会事先预告。在本章中，我们一起发掘幸运背后的神秘原因。

1

第二部分
激活正能量，寻找幸运的方法

　　幸运有很多方法，比如保持从容的态度，积极拓展人脉圈，勇于尝试新体验等。如何让自己变得幸运需要大智慧，这个过程就像是在跟自己的内心交谈，得先告诉内心不要着急，生活总会有好事发生。只有如此，才能激发更多吸引美好事物的能量，将各种好的情境、人和事件带进你的生命当中。

2

第三部分

实践正能量，创造全新的生活

挖掘幸运的秘密是个漫长却很有价值的过程。几千年来，人们认识到了幸运的重要性，但认为这是一种神秘的力量，用尽一切手段却遍寻不着。实际上，你才是自己未来的创造者，依照书中的方法，你就能收获生命中所有想要的一切。你所要做的只是秉持一种真诚的转化的愿望，一种以全新的方式来看待你的幸运的意愿。现在就行动起来，未来就掌握在你的手中。

5

引言
Introduction

发掘你的幸运正能量

　　幸运的人总能遇上理想的伴侣，实现毕生的抱负，找到令人满意的工作，过着幸福、充实的生活。他们取得成功并不是因为他们格外勤奋、才能出众或智力超群，而似乎是因为他们比常人更有能力在恰当的时间处于恰当的地方，并尽情享受好运带来的乐趣。本书的重点在于科学地研究为什么幸运的人能过上这种快乐的生活，并讲解其他人怎样才能增强自身的好运气。

　　这项研究历时数年，几百名特别幸运和特别不幸的人接受了访谈和实验。研究结果表明，人们应当以一种全新的眼光来看待运气，以及它在我们生活中的重要作用。**运气不是与生俱来的，幸运的人往往在不知不觉中运用了书中的法则，激活了内在的正能量，创造了他们生命中的好运。了解这些法则就能了解运气本身。更重要的是，这些法则可以用来提高你在生活中体验到的好运的数量，让你窥**

见"幸运正能量"的真正奥秘。

简而言之，本书论述了一条人生真谛——经过科学验证的了解、控制和提高运气之道。

运气所具有的能量

我一生着迷于不同凡响的事物。小时候，我迷恋魔术和幻觉。到了十岁，我已经能够让手帕消失得无影无踪，还能彻底洗牌却不打乱牌的顺序。十几岁的时候，我加入了世界上最著名的一个魔术社团——伦敦的"魔术大世界"。二十岁刚出头，我就已经受邀前往美国，在好莱坞的"魔术城堡"表演了好几场魔术。

很快我便发现，要做一名成功的魔术师，就必须非常清楚其他人脑子里在想些什么。优秀的魔术师懂得如何分散别人的注意力，如何避免让观众产生怀疑，以及如何防止他们戳穿戏法。随着时间的推移，我对魔术表演背后的心理学越来越感兴趣。这最终促使我在伦敦大学报名攻读了一个心理学学位，后来又在爱丁堡大学攻读了心理学博士学位。从爱丁堡大学毕业以后，我在赫特福德大学校园里创办了自己的研究所。

在这个研究所里，我们对各种各样的心理现象进行科学研究。也许是因为当过魔术师，我指导大家把重点放在多少有些不同寻常的心理学领域。

有些工作包括调查似乎能与死人对话的巫师、声称能帮警察破案的通灵侦探和用精神疗法治病的术士。我们还研究了人们在撒谎时行为会有哪些变化，分析了魔术师怎样利用心理学来蒙骗观众，探讨了识别谎言和骗局的办法，并举办培训班帮助人们增强发现不忠行为的能力。我的这些研究成果都刊登在了各种科学杂志上，此外，我还在学术会议上论述了这些成果，并向商界人士讲解了它们的实际用途。

几年前，有人请我发表一次演讲来谈谈我的工作内容。我以前做过许多次类似的演讲，万万没有料到，这一次演讲，将对我今后的研究方向产生重大影响。

我决定在演讲过程中穿插一个简单的魔术。我打算向某位观众借一张十英镑的纸币，把它装进二十个一模一样的信封当中的一个，再把所有信封混到一起。我将让这个人从中挑出一个信封，然后把另外十九个全烧掉。接下来，我将打开剩下的那个信封，把钱还给这个人，并祝贺这个人做出了恰当的选择。

然而，那天晚上的表演有点奇怪。我向一位女士借了纸币，把它装进其中一个信封，再把所有信封随意掺杂起来排成一列。我自始至终留意着那张钱的踪迹，知道它装在最左边的那个信封里。我请那位女士挑选一个信封，很高兴看到她选择的正是那个装了钱的。我把其他信封收起来烧了。随着纸灰飘向空中，我打开剩下的那个信封，掏出了那位女士的钱。

观众报以热烈的笑声和掌声，但借钱给我的那位女士无动于衷。我问她有何感想，她平静地说，这种事情在她身上时有发生。她总是能在恰当的时间处于恰当的地方，无论是工作还是个人生活都好运连连。她说，她不太明白为什么会这样，她把这一切都归结为幸运。

她对自身运气的信心引起了我的兴趣，我问观众当中还有没有人觉得自己格外幸运或者格外不幸。坐在礼堂前排的一位女士举起手，声称她因为运气好而实现了人生中的许多理想。后排的一位男士说，他总是特别倒霉，假如我刚才借了他的钱，最后肯定会化为灰烬。就在听我演讲的前一天，他曾弯腰去捡一枚硬币，结果脑袋撞到了桌子，差点晕过去。

演讲结束后，我仔细回想了整个过程。为什么那两位女士特别幸运？那个不幸的男士又是怎么回事？他运气不好，是因为太笨还是另有原因？运气是否不仅仅靠的是侥幸？我决定大致研究一下这个课题。当时，我并不知道自己要干些什么。我认为，这项研究也许会需要找几十个人进行一番实验。事实上，这项工作耗费了八年时间，涉及了几百个不同寻常的人。

本书第一次全面记述了我的研究成果。首先，我简要描述了运气在改变我们的生活方面所具有的力量——短短几秒的好运，能把你体内的正能量激发出来，往往就能带来永久的幸福与成功，而与厄运的一次短暂接触，就能牵引出莫名的负能量，导致失败与绝望。然后，我会讨论我在这个课题上的初期工作，以及这项工作是如何最终引出幸运生活的种种法则。在详细阐述了所有这些法则之后，我将根据这些理念，介绍有哪些技巧和练习可用来创造更加幸运的生活。

在开始之前，先请你回答几个有关你自己的小问题。

打造你的"运气日志"

在本书中，我会请你完成各种问卷和练习，其中有许多内容取自我在研究过程中对幸运者和不幸者进行过的心理测验。请把你的答题分数记入一个专门的"运气日志"——可以是一个精美的笔记本，也可以是活页本，必须带分格线，并且不得少于四十页纸。你的答题情况将会揭示各项运气法则对你的适用程度，因而有助于确定你增强好运的最佳途径。

正能量练习1：运气概况

第一问卷非常简单。在"运气日志"第一页的上方，请你写上标题"运气概况"。现在，在页面中间垂直画上一条线。左边纵向写上数字1到12，右边用1到5之间的一个数字来表示你赞成或不赞成下列说法的程度，它们代表的意义分别是：

1——坚决不赞成

2——不赞成

3——说不准

4——赞成

5——坚决赞成

请仔细阅读每一种说法，假如你无法肯定某个说法在多大程度上符合自己的情形，就写下一个你感觉最恰当的数字。不要考虑得太久，尽可能如实回答。

运气概况

陈述	级别评定（1~5）
1. 我在超市或银行排队时偶尔会跟陌生人聊天。	
2. 我一般不会对生活感到担忧或不安。	
3. 我愿意尝试新事物，比如新类型的食品和饮料。	
4. 我常常相信自己的直觉和预感。	
5. 我尝试过一些增强直觉的技巧，比如沉思或者待在一个安静的地方。	
6. 我基本上总希望将来会有好运。	
7. 即使成功的机会不大，我也要实现想实现的目标。	
8. 我希望遇到的人大多可亲、友好、乐于助人。	
9. 不管出什么事，我都愿意看到其光明的一面。	
10. 我相信，从长远来看，即使是消极的事也能转为好事。	
11. 我不想长期沉湎于过去那些不成功的事。	
12. 我试着从过去的错误中吸取经验教训。	

在这本书中，我们会时不时回顾你的答案，用它们来揭示你个人的"运气"，启迪你在生活中如何运用运气，更重要的是如何增加好运，最终改变自己的命运。

第一部分
为何幸运的人总是幸运

The
Luck
Factor

正能量
②

运气能把不可能的事情变成可能，它能带来生与死、兴与衰、喜与悲的巨大差别。运气是潜藏于我们生命中的正能量，这股正能量能在短短几秒之内改变一切，不分时间、地点，也不会事先预告。在本章中，我们一起发掘幸运背后的神秘原因。

第一章 |

| 运气的神奇力量

　　人们太看重赚钱了。赚钱根本不需要动脑子，据我所知，一些最富有的人也正是最愚蠢的人。**事实上，我认为，成功要靠百分之九十五的运气加百分之五的能力。**拿我来说吧，我知道，我手下的许多人都能跟我一样把企业经营得红红火火。他们没有碰上好运气——这是我和他们之间的唯一区别。

　　　　　　　　　　——朱利叶斯·罗森沃尔德（原西尔斯·鲁巴克公司总裁）

>>>>>>

　　运气对我们的生活具有不可估量的影响力。短短几秒的厄运可以使多年的奋斗付诸东流，瞬间的好运则可以带来成功和幸福。运气能把不可能的事情变成可能，它能带来生与死、兴与衰、喜与悲的巨大差别。

　　某大型律师事务所的资深合伙人约翰·伍兹在纽约世界贸易中心双子楼被撞的几秒之前离开了办公室，从而侥幸逃生。这不是他第一次这么幸运。一九九三年世贸中心发生爆炸时，他正在大楼的第三十九层，却安然无恙地逃了出来。一九八八年，他原本打算乘坐那架在苏格兰洛克比上空爆炸的泛美航空公司班机，却在最后一刻被人软磨硬泡地拉去参加一个聚会，而取消了行程。

好运与厄运不仅仅关乎生死，而且能带来兴与衰的差别。莫琳·威尔科克斯曾分别买了马萨诸塞州彩票和罗德岛州彩票。不可思议的是，她两组中奖号码都选对了，却一分钱也没拿到——她的马萨诸塞州彩票号码中了罗德岛州彩票的大奖，罗德岛州彩票号码则中了马萨诸塞州彩票的大奖。有些买彩票的人似乎能得到幸运女神的格外垂青。伊芙琳·玛丽·亚当斯曾赢得新泽西彩票的四百万美元。四个月后，她又买了这种彩票，结果又中了一百五十万美元。唐纳德·史密斯的运气更好。他连续三次赢得威斯康星州彩票的大奖，每次的奖金都是二十五万美元，而这种彩票的中奖率不到百万分之一。

然而，这不仅仅是钱的问题。运气还在我们的个人生活中发挥着至关重要的作用。

斯坦福心理学家阿尔弗雷德·班杜拉曾经论述了机遇和运气对人们生活的影响。班杜拉指出，机遇和运气十分重要。他在论文中写道："……生活道路上一些最重要的决定因素往往是在最不起眼的情况下产生的。"他举了几个非常有说服力的例子，其中一个例子是他的亲身经历。上大学的时候，班杜拉有一次对老师留下的作业感到厌烦，于是跟朋友相约前往当地的一个高尔夫球场。不经意中，班杜拉和他的朋友发现前面有两位迷人的年轻女子也在打高尔夫球，很快，四个人一起展开了比赛。后来，班杜拉约会了其中一名女子，并且最终娶她为妻。高尔夫球场的一次邂逅，改变了他的整个人生轨迹。

众多研究人员也都论述过好运和厄运对人们择业并走向成功的影响。他们也都指出，这些因素绝非微不足道，许多人都表示曾经因为偶然的会面或好运，而彻底改变了事业的方向或得到重用。事实上，运气对职业生涯的重大影响，曾促使美国一位知名的就业顾问说道：

我们每个人都能说出几个意外的大事对职业生涯产生重大影响的例子，意外的小事却产生关键影响的例子，更是不计其数。有重大影响力的意外事件并不鲜见，它们每天都在发生。意外收获其实并不意外，它无处不在。

当然，这些因素也影响了我自己的职业生涯。八岁的时候，老师让我们写一篇文章来介绍国际象棋的历史。我是个勤勉刻苦的学生，决定到当地图书馆去查一查有关这个话题的书籍。不巧，工作人员给我指错了书架，我看到了一些有关魔术的书籍。在好奇心的驱使下，我开始阅读这些书，从中了解魔术师们创造奇观的各种秘密。这是我第一次进入魔术的世界，它改变了我的一生。我无法想象，假如当初工作人员没有指错书架，而我顺利找到了有关国际象棋的书籍，那会怎么样呢？也许我就不会对魔术产生兴趣，不会学习心理学，也不会进行本书所讲述的调查研究。

此外，许多腰缠万贯的商人，在经营过程中也会受到运气的巨大影响。

经过毕生努力，约瑟夫·普利策成为一名杰出的商人和慈善家。他拥有全美最大的报纸机构之一，帮助筹资打造了自由女神雕像的基座，并出资设立了举世闻名的"普利策奖"。然而，假如不是一次偶然的好运，这一切恐怕都不可能发生。普利策是在匈牙利出生的。十七岁那年，他身无分文地来到美国，却难以找到工作。结果，普利策终日泡在当地的图书馆下象棋。有一次，他在这里遇到当地一家报纸的主编，对方提议让他当一名普通的记者。四年后，他得到了一个购买该报股份的机会，并且立即抓住了这个机会。他的决定十分英明——报纸办得非常成功，他赚了一大笔钱。终其一生，普利策不断做出正确的决定，并逐渐当上主编，最后买下了当时最著名的两家报纸。普利策白手起家，最终成为美国最有影响力的人物之一。假如不是当年在图书馆棋牌室的那次偶然相遇，他的人生也许会完全不同。

另外，许多商人也把自己的成就在相当大程度上归功于偶然的相遇和好运。以小巴尼特·赫尔兹伯格为例，一九九四年，赫尔兹伯格已经在美国各地建立起珠宝连锁店，年营业额在三亿美元左右。有一天，他路过纽约的广场饭店，听到一位女士跟他旁边的人打招呼说"巴菲特先生"。赫尔兹伯格心想，这个人莫非就是美国最有钱的投资商沃伦·巴菲特？赫尔兹伯格没见过巴菲特，但听说过巴菲特购买公司的财务标准。当时赫尔兹伯格已步入不惑之年，正考虑卖掉自己的公司。他明白，他的公司很可能会引起巴菲特的兴趣。赫尔兹伯格不失时机地走过去，向这个陌生人做了自我介绍。不出所料，这个人正是沃伦·巴菲特，而且事实证明，这的确是一次幸运的邂逅，大约一年以后，巴菲特同意买下赫尔兹伯格的全部连锁店。这一切都是因为，赫尔兹伯格在纽约街头散步时恰巧听到一位女士跟巴菲特打招呼，而他刚好抓住了这个千载难逢的机会。

而巴菲特又是怎样成为美国大富豪的呢？在接受《财富》杂志采访时，他讲述了运气在其创业阶段所起的重要作用。二十岁时，巴菲特未能被哈佛大学商学院录取。他立即前往图书馆查阅，希望申请其他商学院。这一查才知道，他最敬仰的两位商学教授都在哥伦比亚大学执教。巴菲特赶在截止日期之前申请了哥伦比亚大学并被录取。其中一位教授后来成了巴菲特的导师，帮助他在商界站稳了脚跟。正如巴菲特后来所说："我这辈子最幸运的事情大概就是没被哈佛录取。"

运气对事业的重要作用并不局限于商界。一九七九年，好莱坞导演乔治·米勒要找一个饱经沧桑、面带凶相的男子主演《疯狂的麦克斯》。梅尔·吉布森当时还是一个默默无闻的澳大利亚演员，试镜的前一天晚上，他在大街上遭到三名醉汉的袭击。出现在镜头面前时，他显得神情沮丧，疲惫不堪，米勒立即决定由他担任男主角。英国超级名模凯特·摩丝也非常幸运。二十世纪九十年代初，她和父亲一起去度假。当他们在肯尼迪机场排队检票时，一名星探正好从这里经过，一眼发现她容貌出众。摩丝很快成为全世界最成功、最走红的模特儿之一，而这些都是因为一次幸运的邂逅。

运气不仅仅决定着演员和模特儿的前程，也影响着科学家和政治家的成就。

在科学上意外取得成功的最著名例证大概就是亚历山大·弗莱明爵士发明青霉素的过程。二十世纪二十年代，弗莱明试图研制出更加有效的抗生素。为了进行研究，他在一种浅浅的玻璃瓶——也就是"皮氏培养皿"中人工培育细菌，并用显微镜进行观察。有一次，他忘了给一个"皮氏培养皿"盖上盖儿，一片霉菌掉了进去。碰巧，霉菌含有的一种物质杀死了瓶子里的细菌。弗莱明注意到了霉菌的这一效果，心里感到好奇，于是想方设法要弄清是什么物质在起作用。最后，他发现了这种抗生素，给它取名为青霉素。弗莱明的偶然发现挽救了无数生命，被赞誉为医学史上最大的进步之一。

事实上，偶然事件和意外事故不断改变着科学的发展道路，在许多著名的发现和发明中扮演了重要角色，包括避孕药、X 射线、摄影术、夹层玻璃、人造香精、"维可牢"尼龙搭扣、胰岛素和阿司匹林等。

总之，运气在我们生活中的各个方面发挥着不可估量的作用。运气能改变我们的个人生活和职业生涯。对许多人来说，这有点耸人听闻。大多数人总以为，他们的前途命运掌握在自己的手中。他们千方百计获得想要的东西而避开不想要的东西，但在很大程度上，这种把握是一种幻觉。谋事在人，成事在天。运气是潜藏于我们生命中的正能量，这股正能量能在短短几秒之内改变一切，不分时间、地点，也不会事先预告。

正能量练习2：运气在你生活中的作用

在"运气日志"新的一页，写下 1 到 7 之间的一个数字，来表示你认为运气对你的生活产生影响的程度，标准是：

毫无影响 1　2　3　4　5　6　7 ▶**影响巨大**

然后，在下面用几个简单的句子来描述一下：

……你和你的伴侣是怎样认识的。

……你和你最要好的朋友是怎样认识的。

……对你选择职业产生影响的主要因素。

……对你的生活产生了积极影响的一件大事。

下一步，想一想，好运在这些事件中起到了什么作用。想一想，小小的变化——比如你没去参加某个宴会或聚会，向左而非向右拐了弯，或者没有翻开杂志的某一页——会不会对这些事件产生影响，会不会改变你的整个人生道路。

最后，结合这些事件再来看一看运气在你的生活中所扮演的角色，重新回答上述问题。写下 1 到 7 之间的一个数字，来表示你现在认为运气对你的生活产生影响的程度。

大多数人在做这个练习时，才意识到运气在生活中的重要作用，于是在第二次回答问题时，写下的数字比第一次的数字要大。

一百多年来，心理学家们一直在研究智力、个性、基因、外貌和成长环境对人生的影响。毋庸置疑，这些研究工作取得了丰硕的成果。然而，几乎从来没有人探讨过运气。我怀疑，科学家们之所以回避这个话题，是因为他们宁可探讨可以衡量而且易于控制的东西，这是完全可以理解的。用数字来衡量智力和对人的个性进行分类，是比较容易做到的，而你怎么确定运气的数量，怎么能控制机遇呢？

这就好比一个尽人皆知的笑话：有个人知道自己在街这头丢失了贵重物品，却跑到街那头去寻找，原因是那头的灯光比较亮。**心理学家们存心不去研究运气，因为研究其他课题会容易一些，而我一贯喜欢探索不同寻常的心理学领域，这些领域是其他研究人员敬而远之的。结果，我常常在别人忽略的地方找到宝藏。**

我在本书的引言中已经介绍过，我是在一次演讲中听说了运气在人们生活中所起的不同作用之后，开始致力于研究运气的。那次演讲后不久，我决定就这个课题开展一些初步研究。首先，我调查了自认为幸运和自认为不幸的人各占多大比例，以及人们的运气通常是集中在生活的一两个方面还是分散在各个方面。我和我的几个学生一起在同一个星期的不同时间段，走访了伦敦市中心，向大批随机选择的购物者询问了运气在生活中所起的作用。调查分为两个部分。我们先问他们自认为幸运还是不幸——也就是说，他们的生活中是否经常有看似偶然的事件对他们产生有利或不利的影响。接着，我们问他们是否在生活中的八个方面有着好运或厄运，包括事业、人际关系、家庭生活、健康状况和经济状况，等。

我们调查了形形色色的人，有男有女，有老有少。调查结果显示，百分之五十的人认为自己总是很幸运，另有百分之十四的人认为自己总是倒霉。换言之，百分之六十四——也就是接近三分之二的调查对象认为自己总是很幸运或不幸。有趣的是，认为自己在某个方面非常幸运的人往往认为自己在其他若干方面也很幸运。经济方面的幸运儿，往往声

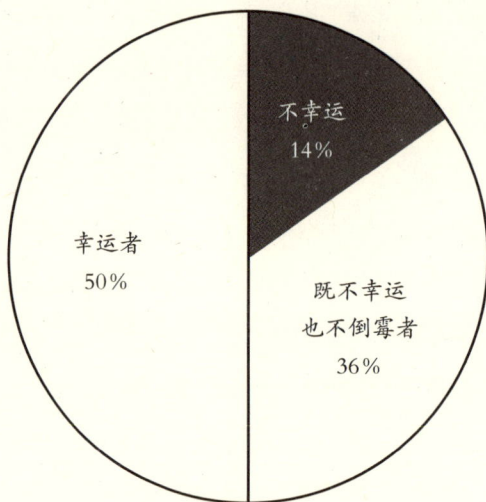

在我的初步调查中，自认为不幸、幸运和既不
幸运也不倒霉的人各自所占的比例

称自己在家庭生活方面也很幸运；事业上不走运的人，在人际关系方面
也不走运。

**这项简简单单的调查表明，大多数人的好运和厄运是持久的。有些
人似乎总是能吸引好运，而有的人总是无法摆脱厄运的纠缠。**有趣的是，
接受我们采访的大多数人认定，他们的运气好坏纯粹是因为偶然。幸运
的人只是碰巧时不时遇上好机会，比如跟爱人或同事不期而遇。不幸的
人认为，意外事故和厄运也纯属偶然。我绝对不相信是这样。一生对魔
术心理学的研究使我深知，表象往往带有欺骗性，有时候，事实比幻想

要奇怪得多，也有趣得多。

　　运气不可能纯属偶然。那么多人要么总是交好运，要么总是走背运，这根本不可能是偶然的，一定是有某种神秘的能量促使有的人总是受益，而有的人总是倒霉。既然运气这么重要，就必须设法了解为什么会这样。这些人真的命中注定该成功或失败吗？是否冥冥之中早有安排？他们是否运用了某种精神上的能量来创造好运和厄运？这一切是否可以用信念和行为的差别来解释？最重要的是，假如我们对这些事情有了更多的了解，是否就有可能增强人们的运气？

　　经过调查，我想到了许多有趣的问题。我将努力找到答案。

第二章

全民幸运大调查

>>>>>>

　　我的调查结果表明，绝大多数人自认为总是幸运或总是不幸，并且认为自己的好运或厄运见诸生活中的许多领域。这些发现使我渴望更加深入地了解运气的本质。

　　我断定，最好的办法是找一批格外幸运和格外不幸的人进行一番科学研究。这是心理学家常用的手段。为了弄清记忆是如何发挥作用的，研究人员也许会仔细观察记忆力特别好或特别差的人。有关手眼协调的重大发现是通过研究顶级运动员和杂耍艺人得来的。与优秀艺术家和盲人的交流，解开了一些日常幻觉之谜。我知道，寻找格外幸运和格外不幸且乐意参加科研的人绝非易事，简直无从入手。

　　值得庆幸的是，一些办报人听说了我在伦敦进行的调查，于是纷纷跟我联系，问我能不能为报纸杂志撰文，介绍自己的研究工作。我请他们顺便告诉读者，我打算对这个课题开展进一步的研究，希望有兴趣参与的幸运者或不幸者跟我联系。每发表一篇文章，实验室就会接到一些电话，渐渐地，我会集了一批或幸运或不幸的志愿者。在本书成书之前的八年中，又有一些格外幸运或格外不幸的人，从电视和电台节目中以及在网上听说了我的研究之后，加入进来，与原有的志愿者加起来，一共好几百人。其中，最年轻的是一名十八岁的学生，年纪最大的是一名八十四岁的退休会计师。他们来自各行各业——商人、学者、工人、教师、家庭主妇、医生、计算机分析员、秘书、推销员和护士，等等。所有这些人都心甘情愿地让我把他们的生活和心灵置于显微镜之下。我跟他们当中的许多人进行了长时间的谈话，还请他们当中的一些人写日记。一些人应邀到我的实验室参加了实验，还有一些人填写了烦琐的心理问卷。这项研究收获颇丰，在这些与众不同的人的帮助下，我逐渐揭开了运气的秘密。

运气背后的秘密

我的第一个目标是搞清楚幸运或不幸的生活是什么样子的。我决定跟参与者谈一谈他们生活中的重大事件，他们的讲述以无可辩驳的证据证明了好运和厄运所蕴藏的能量。

乔迪来自得克萨斯州，是一名三十六岁的诗人。她认为自己非常幸运，因为她的许多梦想都是由于偶然的相遇而实现的。几年前，乔迪决定改变生活道路，去做自己喜欢做的事情。从童年时代起，她就一直想当一名作家和诗人。她在互联网上搜索，无意中看到某组织正举办一个旨在宣传和鼓励女作家的夏季讲习班。乔迪一下子喜欢上了这个讲习班的气氛，心里盘算着前往执教。几天后，她在这个讲习班邂逅了该组织的创始人，闲聊中提及自己住在得克萨斯州。这位创始人说，该组织将在得克萨斯州举办为期一天的研讨会，问乔迪愿不愿意主持一个讲座。事情进行得非常顺利，乔迪受邀在即将举办的另外一个讲习班执教。

乔迪无意中还发现，另外一个网站经常发布美国各城市诗歌活动的消息。她注意到，里面没有来自得克萨斯州的报道，于是她开始发送相关材料。结果，她跟该网站的组织者比尔建立起经常性的电子邮件往来关系。一天，在纽约的诗歌朗诵会上，乔迪与比尔不期而遇。在交谈中，比尔问她，是否可以到纽约来帮忙协调一些即将到来的诗歌庆典。乔迪对这个机会十分珍惜，唯一的障碍是，她到了纽约没地方住。她向比尔说明了实情，比尔给他的电子邮件通讯录上的所有人发了一份启事。没过几天，一位女士给乔迪发来电子邮件，以极低的价格租给她一套环境优美的房子。乔迪搬到纽约，现在以写诗和写文章为业。

乔迪这样阐述好运对其人生的影响：

我的运气特别好，它帮助我实现了人生中许多最宝贵、最重要的成就。我觉得自己总是心想事成。我希望发生的事情全都发生了。一旦我决定谋求新的发展方向，它马上就会成为现实。真令人难以置信。

苏珊的生活则是另外一番景象。苏珊今年三十四岁，她从小就运气不好。孩提时代，她曾经在采雏菊时被石头撞得头破血流，曾经一只脚被铁栅栏卡住而不得不求助于消防队，还曾经被一幢楼房上掉下来的木板砸中。苏珊的厄运还不仅仅局限于小时候。长大后，她在爱情方面也很不走运。她曾经在别人的安排下跟一位男子约会，但对方在骑摩托车赴约途中遇上交通事故，导致双腿骨折。第二个跟她约会的男子在玻璃门上撞破了鼻子。在她结婚的前两天，她打算举行婚礼的那家教堂被人纵火烧毁。

苏珊经历过各种各样的意外事故，这些事故往往非同小可。有一次，她摔断了胳膊。没过多久，她又摔断了一条腿。在驾校的考试中，她开车撞上公园的围墙，结果不得不赔偿损失，因为那辆车的保险不全。以后的日子里，她在驾驶过程中经常出问题。据她讲，她最倒霉的一次，是在不到五十英里的路上出了八次交通事故。苏珊泪流满面地说："没有几个人愿意跟我同乘一辆车，假如我到谁家里去，他们会叫我坐在那儿别动。"

跟苏珊这样不幸的人交谈，常常让我感到非常难过。他们显然竭尽全力想过幸福快乐的生活，但命运似乎总是跟他们过意不去。幸运的人则完全不同，他们的好运似乎是无穷无尽的。

在参加我的研究项目的人员中，最幸运的一个人是四十二岁的营销经理李。李的一生中好运不断。十六岁的时候，他答应到乡下老家的一个农场帮忙。有一天，他坐在一辆停着的拖拉机后面，拖拉机连接着一台大型的自动耕地机——那是一种很可怕的东西，用途是在播种之前翻地。一个朋友决定开着这辆拖拉机兜一圈儿，浑然不知开动起来的拖拉机正拖着李往前走，并且会把他拖进转动着的犁铧。在一次交谈中，李讲述了接下来发生的事情：

我什么也抓不着，两边是飞速旋转的车轱辘。我意识到自己快要掉下去了，记得当时我朝两边看了看，心想，我不能跳，因为太远了。我认定自己将被那些犁铧切成碎片。就在我向犁铧滑去的紧要关头，拖拉机突然颠簸了一下，我被弹了回来。原来，连接拖拉机和耕地机的不锈钢钢条突然断了。老板弄不明白是怎么回事——那是他一个星期前刚买的。我心想："天哪，李，你太幸运了"。这个念头一直萦绕在我的脑海里。

李的父亲是一名园艺师，年轻时，李经常帮他干活儿。有一次，父亲叫他帮忙做一件特别辛苦的事情，李其实不想去，但又觉得自己应该去。最后他还是去了，结果遇上了自己的梦中情人，立即坠入爱河。李坚信他们是天生一对儿，事实证明，他的直觉分毫不差——他们结了婚，如今已经在一起幸福地生活了二十五年。

李在商界也是一帆风顺，并且认为运气对他的成就起到了重要作用：

我从事营销已经二十多年，目前是一家颇具规模的益智玩具连锁店的营销经理。我受到过各种嘉奖和提拔，因为业绩出色而获得过一些高级职位。运气在我的成就中起到了非常重要的作用。我似乎总是能在恰当的时间出现在恰当的地方。我常常会在某家公司急需我可以提供的某种东西时恰好前往拜访，我不知道这是为什么，但情况总是如此。

李的运气给他本人和他的公司都带来了丰厚的收入。我的研究项目的其他参加者可就没这么幸运了。就拿来自伦敦的出版商斯蒂芬来说吧。斯蒂芬今年五十四岁，他一生中都在遭受经济挫折。有时候，他的厄运微不足道；有时候，会带来非常严重的后果。

有一次，斯蒂芬以为自己会从一家全国性报纸得来的刮刮卡赢一大笔钱，然而，由于印刷商的失误，共有三万多人赢得了同一个奖项，结果每个人只分到了区区几英镑。在另一次由报社主办的竞赛中，斯蒂芬赢得了某著名公司数量可观的股份和股票。时隔不久，股市出人意料地暴跌，他手中的股票转眼间变得一文不值。

斯蒂芬曾经把几间闲置的办公室出租给一位律师，后者主动表示要帮助斯蒂芬打理账目。头几个月一切顺利，但接下来开始有人向斯蒂芬查询未付账单事宜。经调查，斯蒂芬终于发现，那位律师根本没有帮他结账，反而任意挥霍公司的资金。斯蒂芬千方百计地维持经营，过度劳累最终拖垮了他的身体。虽然以前从未生过病，但他遭受了一次严重的心脏病发作，被迫宣布破产。从那以后，他一直没有工作。

斯蒂芬对我说："现在，我没有生意可做，也没有钱。我总是付出百分百的努力，结果却总是失望而归。我有时心里想，总该有人给我点均等的机会吧……我觉得自己理应得到更好的回报，但是感觉一直身处负能量的旋涡。我想，我的命运大概就是这样吧。"

林恩与碰巧的好运

某天，林恩碰巧在报纸上看到一篇文章，介绍一名女子赢得了好几项竞赛的大奖，她的好运从此开始了。林恩决定参加一项填字竞赛，并最终赢得了十英镑。几个星期以后，她参加另一项竞赛，赢得了三辆运动自行车。不久后，她前往应聘一个在夜校教授服装设计的职位。面试官的办公桌上摆着一只咖啡壶，上面贴着一张竞赛报名表。林恩饶有兴趣地问面试官能不能把那个标签送给她，对方问她为什么想要，林恩便讲述了自己在一些竞赛中获奖的情况。面试官请她去教授两门课程——一个是服装设计，一个是如何在竞赛中获胜。林恩接受了聘请，并且又参加了许多竞赛。她的好运源源不断，又赢得了许多大奖，其中包括两辆小汽车和几次出国度假。

有趣的是，这些获奖经历成全了林恩当一名自由撰稿人的理想。数年前，她写了一本如何在竞赛中获胜的书。为了宣传这本书，她给当地一家报社发了一篇新闻稿，该报刊登了一篇文章，专门介绍她的作品。第二天，全国各大报纸都转载了这篇报道，她受邀制作了几档电视访谈节目。结果，林恩受邀为报纸撰写如何在竞赛中获胜的文章。后来，一家知名的日报社给她打来电话。他们看到了她的作品，请她为这家报纸主持一个每天一期的竞赛专栏。她的专栏《跟着林恩获奖》非常成功，一直开办了许多年。

林恩实现了她一生中的许多抱负，四十多年的婚姻幸福美满，家庭生活令人羡慕。跟许多人一样，林恩认为她的成就在相当大程度上应当归功于好运。

我跟几百名幸运或不幸运的参加者进行了交谈，回顾他们的言论，我发现好运和厄运对其生活的影响是有一定规律的。研究显示，幸运者和不幸者的生活有四个主要差别：

1. 幸运的人不断遇到好机会。他们会无意中碰到对其人生大有助益的人，在报纸杂志上不经意中发现有趣的机会。相反，不幸的人极少有这种经历，或者像斯蒂芬那样遇上给他的人生带来负能量的人。

2. 幸运的人还会在不知不觉中做出英明的决定。他们似乎知道什么样的经营决策是合理的、什么样的人不可信赖。不幸者的决策则往往导致失败和困境。

3. **幸运者的梦想、抱负和目标总是能够成为现实，不幸者则恰恰相反——他们的梦想和抱负永远遥不可及。**

4. **幸运的人还具备把厄运转化为好运的超常能力。不幸的人缺乏这种能力，他们的厄运只会带来悲伤与毁灭。**

两种人有着天壤之别，可为什么会这样呢？为什么发生在这群人身上的事情，不会发生在另外一群人身上呢？

有的专家猜测，或许幸运者和不幸者运用某种精神能量创造了他们生命中的好运与厄运。他们提出这种观点的原因不难看出。**以苏珊和林恩为例，也许，像林恩那样的幸运者之所以在竞赛中获胜，是因为他们**

具有预测中奖内容的正能量，只不过他们自己并未觉察到。苏珊大概也具有某种负能量，导致一切事情都对她不利。

这种想法十分有趣，而且有待调查验证，但要弄清幸运者是否具有比不幸者更为强大的能量绝非易事。我需要设定一种情景，让一大批格外幸运和格外不幸的人对一件随意挑选的事情预测结果。

运气与彩票的故事

在开始研究后不久，我接到一位电视导演的电话，他正策划一档新的科普节目并计划在黄金时段播出，他非常希望把这个节目做成互动式的。他不仅想让观众看，还想让他们参与。我跟自己当时的研究助手马休·史密斯以及另外一名对运气课题十分感兴趣的心理学家彼得·哈里斯博士谈了谈。我们突然想到一个非常简单的办法——为什么不让幸运和不幸的观众分别预测英国国家彩票的中奖号码呢？太妙了。我们有几百万名观众，无论是幸运者还是不幸者都会有一大批。摇奖完全是随机的，人们肯定会竭尽全力去猜。

全国约有一千三百万人收看了这个科普节目。节目的最后，导演安排了一部有关运气的短片。他们与苏珊和林恩取得联系，在片中简要介绍了她俩的生活。他们还邀请所有自认为特别幸运或特别不幸并且有意竞猜下一期国家彩票中奖号码的观众，与节目组联系。我们预计会有几百人打来电话。然而几分钟之内，我们就接到了大约一百万个电话。

我们给最先打来电话的一千个人寄去一份简单的报名表。英国国家彩票的选号方法是，买一张彩票，在1至49之间选择六个不同的数字。每张彩票的价格是一英镑，想买多少就可以买多少。我们让所有人在报名表上完成一份短短的问卷，以便区分他们是幸运者还是不幸者，并说出他们为下一期彩票选择的中奖号码。

彩票报名表很快便反馈回来。再过几天就要摇奖了，我们必须迅速行动。总共有七百多人寄回答卷，他们打算购买的彩票数为两千张。在摇奖的前一天，我们终于将所有材料整理完毕，深知这次收集到的信息非同寻常。

不妨想象一下运气真的与某种超自然的力量有关联，幸运者真的比不幸者更容易选中中奖号码。假如真是那样，那么，幸运者挑选的号码应该更有可能中奖。如此一来，要想得知彩票中奖号码，你所要做的就是弄清哪些号码是幸运者挑选的。我们以前从来没有想到过这一点，但假如这一理论是正确的，那么，我们在实验中收集到的数据将使我们成为百万富翁。

围绕这种做法是否合乎道德的问题，我们展开了一番讨论。几分钟后，我们开始对数据进行分析。我们注意到，某些数字被幸运者选中但为不幸者所回避。尽管差别很小，但失之毫厘，谬以千里。我们仔细研究了数据，最后筛选出我们认定的中奖号码——1、7、17、29、37和44。我生平头一次也是唯一一次买了一张彩票。

英国国家彩票在每个星期六晚上摇奖，电视台在黄金时段进行现场直播。按常规，四十九个小球被放进一只旋转的鼓形圆桶里，随机摇选出六个球，外加一个特选"奖励"球。中奖号码为：2、3、19、21、32、45。我一个数字也没选中。

正能量练习3：运气问卷

我和同事们设计了一份简单的问卷，以便把参加者分为幸运、不幸和居中（也就是既不算幸运也不算不幸）三类。这份问卷的内容如下：请花费几分钟时间做一做，把分数记在你的"运气日志"里，然后看看你自己属于哪一类。

在做问卷的时候，你只需浏览一下后面的描述，并用1到7之间的一个数字，来评定每种描述与你自身情形相符的程度，等级划分方法如下：

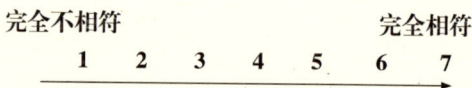

完全不相符　　　　　　　　　　完全相符

　　　　1　　2　　3　　4　　5　　6　　7

幸运的描述：所谓幸运者，就是貌似偶然的事件总是产生对他们有利的后果。例如，他们买奖券和彩票的中奖率似乎特别高，经常会无意中遇到对他们有所帮助的人，或者好运在他们实现抱负和目标方面起到了非常重要的作用。

这与你的情形相符吗？

不幸的描述：不幸者恰恰相反，貌似偶然的事件总是产生对他们不利的后果。例如，他们似乎从来没有在竞赛中获过奖，常常遇上他们不负有责任的意外事故，情场失意，或者在事业上遭受诸多厄运。

这与你的情形相符吗？

评分：

根据各人的回答，人们被分成幸运、不幸和居中三类。划分方法非常简单。用你给幸运描述的等级数字减去给不幸描述的等级数字，得出一个"运气分数"。因此，如果你给第一个描述评定的等级是5，给第二个描述评定的等级是1，那么，你的"运气分教"就是+4。然而，如果你给第一个描述的等级是2，给第二个描述的等级是7，那么，你的运气分数就是-5。或者，如果你给第一个描述的等级是5，给第二个描述的等级是4，那么，你的运气分数就是+1。

假如你的运气分数在3（含）以上，那你就属于幸运者；假如你的运气分数低于3（含），那你就属于不幸者；其他分数的人都属于居中者（也就是既不算幸运也不算不幸）。因此，运气分数为+4、-5和+1的人分别属于幸运者、不幸者和居中者。

可是，我们实验中的那么多幸运者和不幸者又如何呢？在七百名参加者当中，只有三十六个人多少赢了点钱，而且是幸运者和不幸者各占一半。只有两个人猜中四个数字，各赢得五十八英镑。其中一个人此前把自己列为幸运者，另一个人把自己列为不幸者。平均算来，幸运者和不幸者每人买了三注彩票，每注猜中一个数字，损失约二点五英镑。

这次实验涉及几百名自认为幸运或不幸的人，摇奖完全是随机的，根本不可能预测。所有人肯定都满怀中奖的希望。假如说幸运者具有比不幸者更强的某种超自然力量，那他们应当会猜中更多的数字，赢得更多的钱。到头来，幸运者的表现与不幸者差不多，不比他们强，也不比他们弱。几乎所有参加这次实验的人，包括我自己，都损失了一小笔钱。这一结果表明，运气并非来自某种超自然的力量。

正能量练习4：生活满足感与运气

这道练习是要测试你对当前生活状况的满意程度。请翻开你的"运气日志"，在新的一页上纵向写下如下标题：

我的总体生活状况

我的家庭生活状况

我的个人生活状况

我的经济状况

我的健康状况

我的事业状况

然后，在每个标题的旁边用1到7之间的一个数字，来表示你对生活中这个方面的满意程度，每个数字代表的含义如下：

很不满意 　　　　　　　　　　　　　非常满意

1　　2　　3　　4　　5　　6　　7

评分：

以前用这种问卷进行的研究发现，人们对生活的满意程度是比较稳定的，而且跟他们的幸福感和生活质量有关。

把各项分数相加，按照下面的标准，衡量一下你的生活满足感是低等、中等还是高等。

6 到 26 为低等分。

27 到 32 为中等分。

33 到 42 为高等分。

在研究过程中，我让大约二百名幸运、不幸或居中的人做了这份问卷，结果如下图所示。幸运者对生活各个方面的满意程度比不幸者和居中者要高得多。不幸者在每个方面都不满意。

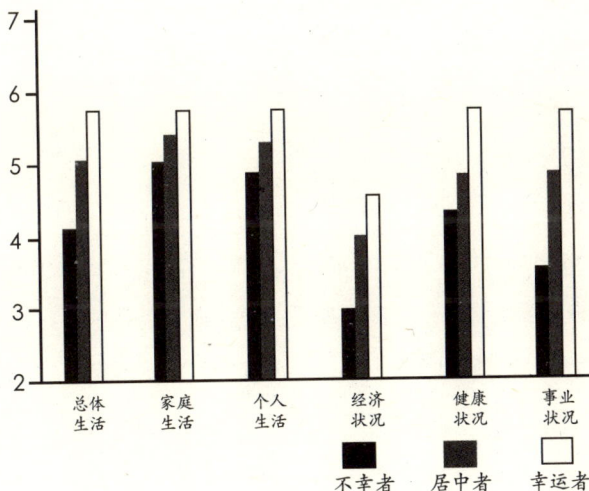

生活满足感和运气

除了超自然力量之外，还有什么可以解释幸运者与不幸者之间的差别呢？是不是幸运者和不幸者的智力有差别呢？也许，乔迪和李之类的人比苏珊和斯蒂芬之类的人更聪明，因此他们在生活中更为一帆风顺。为了弄清是不是这么回事，我决定让人们做一做运气问卷，并接受智力测验。这种测验曾经用于全世界的几千个心理实验，它能预言人们在小学、大学和某些工作中的表现。这种测验分别衡量参加者口头和书面的理解能力。我计算了一下幸运者和不幸者各自答对的数量，并把他们的分数进行了比较。在两项测验中，两组人的得分基本相同。我又把幸运者和不幸者的分数与居中者的分数进行了比较，也没有多大差别。这个实验的结果显而易见——幸运与否跟智力无关。

改变命运的四项法则

虽然我的研究表明运气与超自然力量和智力没有任何关系，但我开始考虑人们的思想是如何以其他方式影响运气的。幸运者和不幸者对待生活的态度是一样的吗？假如不一样，他们生活中的有利和不利事态，是否正是由观点的不同所造成的呢？人们通常认为运气是外部力量：我们有时候幸运，有时候不幸。假如我们能够创造自己的运气呢？假如幸运者和不幸者的许多好运或厄运，在相当大程度上正是由他们自己造成的呢？

正能量练习5：彩票实验

针对刚才的问题，彩票实验为我们提供了答案线索。报名表中问及人们对中奖的期望，我们让每个人选1到7之间的一个数字，来表示他们在那一期彩票中有所收获的信心高低，1代表一点信心都没有，7代表非常有信心。当我和同事们重新对结果进行分析时，我们发现了一个令人惊讶的现象。正如下面的图表所示，幸运者对中奖的期望值是不幸者的两倍以上。

在彩票等随机性较强的事件中，这种期望并没有多大意义。就中奖概率而言，期望值高的人与期望值低的人没什么两样。然而，生活不是彩票，我们的期望值往往事关重大。它关系到我们是否去做某件事，关系到我们在失败面前是否有毅力坚持下去，关系到我们如何与他人交往

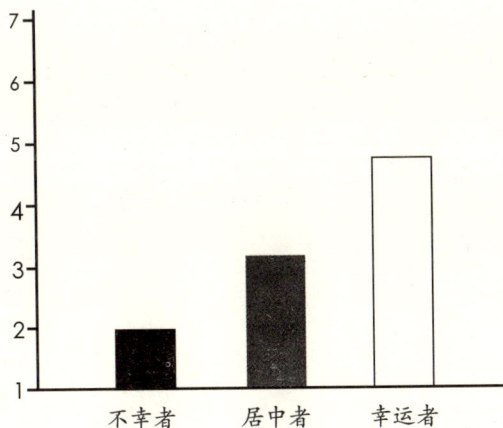

幸运者和不幸者外在的得分

以及他人如何与我们交往。

验证刚才的想法非常关键，在接下来的几年中，我着重研究了幸运者和不幸者的思维方式与行为举止有何不同。

最后，我确定了导致幸运生活和不幸生活四大差别的心理学原理，这就是"幸运四法则"。每项法则分为若干项准法则，总共十二项。了解了这四项主要法则和十二项准法则，你也就了解了运气本身。

后面四章将详细阐述这些法则。这两章介绍了我为探究这些法则开展的各种研究，以及它们给幸运者和不幸者的生活带来的影响。我引用了许多人的真实经历作为例证，并提供了机会，让你评估这些法则在你的生活中所起的作用。

现在，开始吧，让我们来一步步揭开幸运生活的奥秘。

第二部分
激活正能量，
寻找幸运的方法

The Luck Factor 正能量 ❷

幸运有很多种方法，比如保持从容的态度，积极拓展人脉圈，勇于尝试新体验等。如何让自己变得幸运需要大智慧，这个过程就像是在跟自己的内心交谈，得先告诉内心不要着急，生活总会有好事发生。只有如此，才能激发更多吸引美好事物的能量，将各种好的情境、人和事件带进你的生命当中。

第三章 |

法则之一：充分利用一切偶然的机遇

>>>>>>

原理：幸运者创造、发现和利用他们生活中的偶然机遇

　　幸运者的生活中充满了偶然的机遇。在上一章中，我描述过职业诗人乔迪的经历，幸运的邂逅，帮助她实现了许多人生梦想和抱负。我们还谈到了李，这位营销经理具有在恰当的时间处于恰当的地方的超常本领。他无意中遇到了未来的妻子，生意上的许多成就也都归功于幸运的偶遇。还有接二连三在竞赛中获胜的林恩。只因偶然看到报纸上报道了一名女子好几次在竞赛中获奖，林恩的整个人生道路便从此改变。林恩、李和乔迪是我的研究项目中典型的幸运者。他们从未刻意追求过，但似乎总是能碰上机遇。

　　幸运者往往认定，这些机遇纯属巧合。他们只是恰好翻开了报纸的某一页，点击进入了某个网页，在恰当的时间走上了街头或参加了某个聚会，遇上了值得结识的人。**然而，我的研究工作揭示，这些看似**

偶然的机遇，是幸运者的心理特征造就的。他们的思考和行为方式使他们比别人更有可能创造、留意和利用生活中的机遇，这种积极的态度，无形中使幸运者内心充满积极正面的能量。 我发现了幸运者使生活中看似偶然的机遇最大限度地发挥作用的技巧，这是迄今为止人们未曾探索过的。我发现，在恰当的时间处于恰当的地方，其实是从恰当的心态开始的。

温迪是一名四十岁的家庭主妇。她自认为在生活中的各个方面都很幸运，尤其在获奖方面格外幸运：她平均每周获三次奖，有的奖很小，但许多奖都引人注目。过去五年间，她赢得了一大笔现金和若干次出国旅游的机会。毋庸置疑，温迪似乎具有获奖的魔力——但她不是独一无二的。我在前一章提到过，林恩获得过好几次大奖，包括几辆小轿车和度假。乔也是如此。跟温迪和林恩一样，乔自认为在生活中的许多方面都非常幸运。他结婚已四十年，家庭生活一直幸福美满。不过，乔在参加竞赛时格外幸运，最近的成绩包括赢得几台电视机、在某著名的电视肥皂剧拍摄现场做客一天和若干次度假的机会。

林恩、温迪和乔不断获奖的原因何在？他们的秘诀出奇地简单。他们都参加了大量竞赛。温迪每周参加大约六十项邮政竞赛和大约七十项在网上举行的有奖问答。林恩和乔则每周参加大约五十次竞赛，每参加一次，他们的获胜机会就增加了一分。三个人都明白，他们之所以能幸运地不断获奖，是因为他们参加的竞赛非常多。正如温迪解释的："我很幸运，但运气是靠自己创造的。我赢了许多竞赛，得了许多奖，但我的确为此付出了大量劳动。"乔则表示：

人们总是说我非常幸运，因为我赢了那么多竞赛。可他们又告诉我，他们自己并不经常参加竞赛，于是我想："是啊，不参加当然也就不可能获奖。"他们觉得我非常幸运，但我认为，每个人都可以给自己创造运气……正像我对他们所说的："要想赢就得参赛。"

那么，幸运者在生活中不断碰到的其他类型机遇是否亦如此呢？这是否能够解释他们为什么常常在聚会上邂逅有趣的人，或在报纸上读到最终改变其人生道路的文章呢？我设法深入其生活，发现了表象背后的事实。我的研究揭示，这一切可以归结为两个字——性格。

据说，思考和行为方式相同的人往往有着相同的性格。性格的概念是当今心理学的焦点，为探讨如何准确地划分人的性格，研究人员投入了大量时间和精力。虽然历尽千辛万苦，但结果十分引人注目。

经过多年研究，大多数心理学家一致认为，我们的性格包含五个方面，而在这五个方面，我们每个人都各有特色。无论男女老幼，不分文化种族，所有人的性格都具备这五个方面。这些方面通常被称为合群性、勤勉性、外向性、敏感性和开放性。

前行的路上有诸多变化，我有如按下开关，看到的是光明的一面而非黑暗的一面。现在看看这一切，心想，我是多么幸运啊。

——米歇尔·法伊弗

　　我比较了幸运者和不幸者的性格在这五个方面的异同。我解析的第一个方面是合群性，它用来衡量一个人同情他人和愿意帮助他人的程度。我想弄清楚，幸运者得到无数好运是不是因为他们乐于助人，因此别人也乐于帮助他们。有趣的是，幸运者在合群性方面的得分并不比不幸者高。

　　我解析的第二个方面是勤勉性，它用来衡量一个人自我约束、意志坚定和锲而不舍的程度。也许，幸运者的好运较多只是因为他们比不幸者更加勤奋，但幸运者和不幸者的勤勉性得分也相差无几。

　　然而，他们在另外三个方面——外向性、敏感性和开放性的得分大相径庭。这些差别可以解释为什么幸运者不断在生活中碰到貌似偶然的机遇，而不幸者恰恰相反。

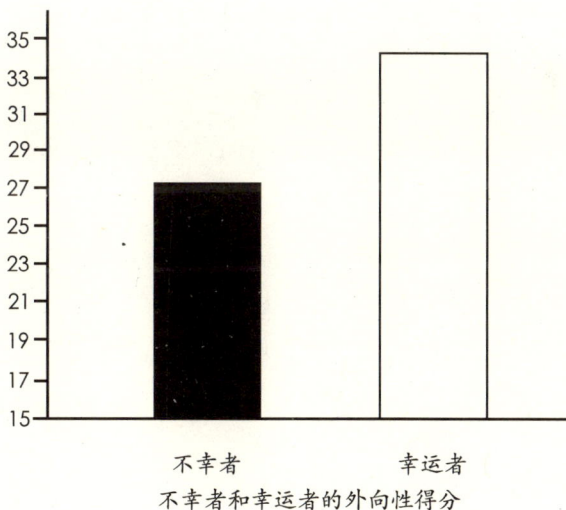

不幸者和幸运者的外向性得分

准法则1：
创造强大的"运气网"

　　我的研究揭示，幸运者在性格上的外向性比不幸者要强。性格外向者远比内向者要容易相处。他们乐于花时间看望朋友和参加聚会，往往喜欢需要跟人打交道的工作。性格内向者则乐于独自消磨时光，喜欢从事比较安静的活动，比如看书。

　　进一步的研究揭示，幸运者的外向性格以三种方式大大增强了他们幸运地邂逅某个人的可能性——结识大批的人，成为"社交磁铁"，与人保持联系。

　　首先，跟林恩、乔和温迪通过大量参赛来提高获奖概率一样，幸运者通过在日常生活中结识大批的人，来增强他们幸运地邂逅某个人的可能性。他们结识的人越多，遇到一个对其生活产生正面影响的人的可能性就越大。

　　以罗伯特为例，这是一位来自英格兰的飞机安全工程师，年龄四十五岁。罗伯特非常幸运，他的生活充满了奇遇。几年前，罗伯特和妻子乘飞机前往法国过新年。他们本打算几天以后再乘飞机返回，但由于天降大雪，所有航班都被取消。看样子，大雪还会再下好几天，罗伯特和妻子决定坐船回英格兰，于是来到法国的港口城市滨海布洛涅。但这样做有一个问题，轮船的终点站是一个港口，离他们住的地方很远，而大雪阻断了公共交通，因此他们即使到了英格兰也回不了家。正当罗伯特和妻子讨论这个问题的时候，候船室的门开了，进来另外一对英国夫妇，他们也要搭乘这艘轮船。罗伯特开始与他们攀谈，惊讶地发现，他们就住在自己家附近。他们主动提出让罗伯特和他的妻子搭便车，没过几分钟，罗伯特的难题便解决了。

还有一次，罗伯特和妻子想搬家。他们看了几个地方，但都不满意。一天，罗伯特漫不经心地走在大街上，看到他认识的一名房地产商正好从办公楼里走出来。罗伯特本来可以继续散步，却一时兴起，决定问问这名房地产商有没有合适的住宅介绍给他。对方表示爱莫能助，转身走了。过了几秒，他又折回来，建议罗伯特去看看一幢刚上市的房子。罗伯特立即驱车前往，并且一眼相中，当天便买了下来。罗伯特和妻子已经在那儿住了二十多年，称这幢房子正是他们梦寐以求的。

我跟他交谈时，罗伯特自称性情爽直、话特别多。他对我说，他在超市排队时往往会跟旁边的人聊天，常常不知不觉就跟陌生人攀谈起来。罗伯特发自内心地喜欢结交朋友，而他结识的人越多，遇上一位对其生活具有促进作用的人的可能性就越大。

三十五岁的约瑟夫是一位成人学生，他也有过改变人生道路的偶遇。年轻时，他特别难以安安分分地待在学校，而且经常被警察逮个正着。到了快三十岁的时候，他已经好几次因为轻罪而被判刑，工作换了一个又一个。后来，一次偶然的相遇改变了他的人生。那天，他乘坐的火车在两个火车站之间停了下来，约瑟夫百无聊赖，于是跟旁边座位上的女士搭讪。她是一名心理学家，两个人谈起了约瑟夫的生活。约瑟夫坦言自己有点自暴自弃。这位女士对他的独特见解和社交技巧深表赞赏，声称他完全可以成为一名出色的心理学家。火车到站了，两个人分手了，但这位女士的话在约瑟夫心里留下了深刻的烙印。他查了一下成为一名心理学家所需要的培训和资格，最后决定洗心革面去上大学。他目前在大学里攻读心理学，明年就将毕业。约瑟夫对我说："我领悟到，跟人交谈非常有好处，我个人从中受益匪浅。"

其他许多幸运者也表示，他们之所以经常有好运气，只是因为他们与每天都会见面的人进行交往。以萨曼莎为例，几年前，她是一家法律事务所的年轻秘书，私下渴望着扩大眼界并打入演艺圈。可惜，她的社交范围很窄，没有什么熟人能帮她。一个阴雨绵绵的下午，她从诊所看完病出来，准备坐出租车回办公室。出租车来了，她刚要上车，一名年纪较大的男子走过来，问能不能一起搭乘这辆车。萨曼莎天性开朗，一路上跟他闲聊，得知他是某电影公司的制片人。她告诉这位制片人，她的梦想就是进入演艺圈，哪怕从事最卑微的工作也会很高兴。他安排萨曼莎去见他所在公司的人事部经理，后者立即答应让她给一位律师当秘书，不久便把她调去从事影片购买工作。五年后，萨曼莎已经是洛杉矶一位功成名就的制片人。她深知自己正是由于在恰当的时间处于恰当的地点，所以抓住了机会。

幸运者增加偶遇概率的另外一种途径与"社交磁力"有关。心理学家们注意到，某些人似乎能够把别人吸引到自己身边。这些"社交磁铁"常常发现，他们在参加聚会或出席会议时总是会有陌生人主动与他们搭讪，走在大街上的时候则经常有人向他们问路或问时间。不知什么原因，其他人似乎总是不由自主地靠近他。而在"社交磁铁"中，性格外向者远远多于性格内向者，这大概不足为奇。

　　研究表明，这些人之所以具有吸引力，是因为他们在无意中流露出的肢体语言和面部表情引起了其他人的兴趣和关注。有趣的是，幸运者的行为方式也正是如此。我请其他一些心理学家观看了我跟幸运者和不幸者交谈的录像。我抹掉了声音，这样观众就无从知晓哪些人是幸运者、哪些人是不幸者。我请大家对谈话者在整个交谈过程中的表情和行为进行评定。他们记录了这些人微笑的次数，与交谈对象目光接触的频率，以及是否运用了某些手势。

　　幸运者和不幸者之间的差别令人惊讶。幸运者的微笑次数是不幸者的两倍，目光接触也多得多。然而，最大的差别在于他们对"开放性"或"封闭性"肢体语言的运用。双臂或双腿交叉是"封闭性"肢体语言，表明这个人不太情愿与人交谈。"开放性"肢体语言则恰恰相反。这种人会面向交谈对象，胳膊和腿自然放松，常常伸出手来打手势。幸运者运用"开放性"肢体语言的次数是不幸者的三倍。微笑的人往往比皱眉的人感觉更快乐，姿态放松的人也总是比身体紧绷的人更容易激活内心的正能量。

　　幸运者的肢体语言和面部表情吸引着别人，而他们结识的人越多，碰上好运的机会也就越多。在聚会上跟越多的人交谈，遇上梦中情人的可能性就越大。跟越多的人谈生意，碰上新客户或对其事业有帮助的人的概率就越高。

但这还不是事情的全貌。除了主动跟人攀谈或充当"社交磁铁"之外，幸运的性格外向者还有第三种行为方式来增强生活中的运气。这第三种行为方式大概在其成就当中起着最重要的作用。

幸运者能使人对他们产生一种稳固而持久的信赖感。他们和蔼可亲，大多数人都喜欢他们。他们往往乐于相信别人，并建立起深厚的友谊。结果，他们结交的朋友和同事往往比不幸者要多得多，天长日久，这张朋友关系网就会给他们的生活带来诸多机遇。

以五十岁的行政管理人员凯西为例。凯西自认为在人生的各个领域都非常幸运，二十三年的婚姻生活幸福美满，两个孩子身体健康。她自称，总是能在恰当的时间处于恰当的地方。当初她为了抚养孩子辞去了工作，几年前，她考虑重返职场，但不知道自己的能力是否依然适应市场的需求。于是，她给商界的一位老朋友打电话，约了时间去跟他聊一聊，请他帮忙出出主意。在谈到他刚刚得到的晋升时，他顺便提到自己要招聘一名助理。凯西表示愿意从这个位置重新做起，他建议凯西向公司申请。凯西得到了这份工作。六年后，她依然在跟这位朋友合作，对工作充满了热情。她告诉我，她把自己的运气归结为对人的态度：

我是"人类收藏家"，我喜欢跟人打交道，很容易跟人交朋友。我总是设法跟他们保持联系。一个人不可能跟所有人都保持联系，但我尽力而为。

运气就是相信你是幸运的。

——田纳西·威廉斯

凯西从学生时代起便开始建立起庞大的朋友和同事关系网。为庆祝生日，她曾经邀请了五十位最要好的朋友一起聚会。她结交的人来自五湖四海的各行各业。

凯西不是唯一重视与朋友和同事保持联系的幸运者。在前一章，我们认识了住在纽约的职业诗人乔迪。过去两年间，她好运不断，几次偶然的相遇，帮助她实现了一生中的许多梦想和抱负。乔迪正是通过与她遇到的人交谈并保持联系得到这些好运的。她在自己的作家和诗人圈子中交往也很广泛，能叫出几百个人的名字。关于这一点，她说：

我跟人交往的时候完全是真心诚意的，我发自内心地重视这份友情。我觉得自己不是那种关起门来写作的作家。我们这个圈子就是一个大家庭，因此，当我意识到有那么多人在支持我的时候，我就会感觉到家庭般的温暖，就会尽心尽力地去呵护这些交情，千方百计跟大家保持联系。

这些技巧往往特别有效，因为它们有助于建立和维护一张庞大的"运气网"。社会学家们曾经估计，我们每个人平均可以叫出大约三百个人的名字。假如我们遇到一个人并跟他聊天，那么，我们距离他所认识的人只有一步之遥，或者说只差握握手。不妨假设你在聚会上跟一个名叫休的女子闲聊起来。你以前从来不认识休，但她显得十分友好，你表示正打算跳槽。休未必有能力聘用你，但她认识的人当中也许有人可以聘用你。通过与休交谈，你跟她认识的三百个人只差握握手。不只如此，休的每位朋友也都认识三百个人。休可以把你介绍给另外一个人，而这个人认识的人当中也许会有人想聘用你。**你跟大约三百乘三百个人只差两次握握手，也就是说，你可以有九万个碰上好运的新机会，而这一切，只需要你对休说一声"你好"。**

让我们回过头来再说说凯西的五十岁生日和那五十位来自各行各业的贵宾。假设这五十位宾客平均每人认识三百个人，那些人也每人认识三百个人，那么，在生日聚会上，凯西与一万五千人只差握握手，与四百五十万人只差两次握握手！正是由于拥有这么多潜在的朋友，偶然的好运在凯西的生活中发挥的重大作用，大概也就不足为奇了。

幸运者的行为方式在不知不觉中最大限度地利用了他们生活中的机遇。他们跟许多人交谈，吸引他人的注意，并与他人保持联系。这样就形成了一张"运气网"，带来了无限的好运机遇。只需一次偶然的相遇就能改变人生。可见，行为上小小的改变，就能让生活充满正向的能量。没有人不愿意与主动积极的人交朋友，因为与这样的人交往，能使他们自身感觉更快乐，更想再次见到刚刚见过的那个人。

建立一张"运气网"

杰西卡是一位来自芝加哥的法医，她的一生都非常幸运：

我拥有理想的工作、两个出色的孩子和自己深爱的男人。真有点不可思议，回想起来，我在各个方面都非常幸运。学术、友情、社交，等等，总是在恰当的时间处于恰当的地点，想不出我有什么运气不好的地方。

杰西卡的爱情生活尤其幸运。她总是很容易就能找到伴侣，并与之维持相当长一段时间的关系。她跟目前这位在她看来"完美无缺"的男人已经交往了七年。有一次，我请她谈谈自己是怎样认识现任男友的。

我跟他是在一次聚会上认识的，完全出于偶然。有一天晚上，一个朋友突然打电话给我，问我能不能陪她去参加一个聚会。我那天晚上本来是不想出去的，但一时兴起，便跟着她去了，于是在那里遇到了我一生最爱的人。他也是被朋友临时拉过去的。

我让杰西卡解释一下自己的运气：

相当大程度上就是要广泛结交。假如你忙碌而活跃，就会结识一大批人，并进入其他领域。我常常跟陌生人聊天，我觉得正是这种性格给我带来了朋友和恋人。我会寻找有趣的人搭话，而不是心烦意乱地耗费时间。如果参加活动或者聚会，我一定会设法找到一个令人愉快的交谈对象。朋友们对我说，人们乐意接近我，是因为我对他们感兴趣。我不仅跟人交谈，而且认真倾听。这是一种信息交流，我花了大量精力跟人交往。

我还经常组织聚会。人们通常会说："哇，那次聚会真棒，你搞的聚会真不错。"我往往邀请各种各样的人参加聚会——如果参加聚会的总是那几个人，那就太没意思了——这是介绍人们相互认识和引荐新人的好办法。我两三个月组织一次聚会，这对我的事业很有帮助。我们在聚会上交流一些财务计划等方面的体会，交流知识和经验等。

这是一个概率问题。如果你每周结识二十个人，那就很有可能遇到你感兴趣的人。因此，要提高碰上好事、遇上好人的可能性，就要广泛结交。我认为，不广泛结交就很难有好运。

准法则2：
时刻从容地面对生活

幸运者无意中还利用了另外一套技巧。这些技巧跟创造机遇无关，但增强了幸运者注意到并抓住机遇的能力。这一基本理念可以用一个简单的纸牌游戏来解释。假定我邀请了一些客人赴宴。我在桌子上放了五张扑克牌，牌面朝上。我请一位客人看看这些牌，挑选并记住其中一张。

然后，我请这位客人出去几分钟。我把纸牌收起来逐个儿检查一遍，猜想客人挑选的是哪一张。我把这张牌放进衣服口袋，在桌上重新放上四张纸牌。客人回到房间，我请他看看桌上的纸牌，说说他选中的那张还在不在。这个游戏我已经做过无数次，并且屡试不爽。

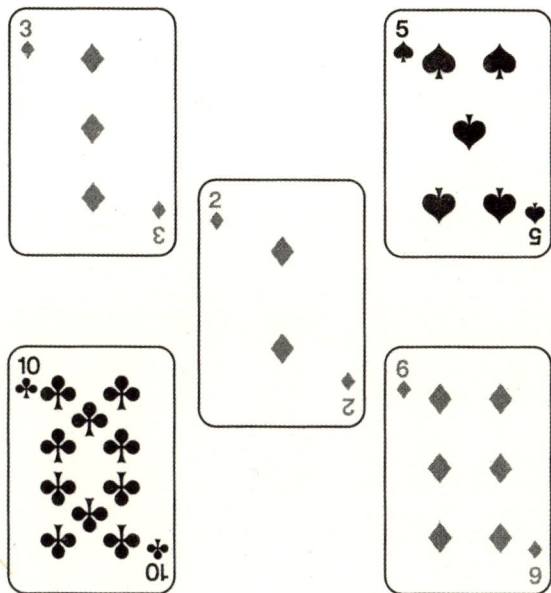

　　现在我们再来试试。在书上做纸牌游戏有点麻烦，但我们凑合一下吧。上面画着五张纸牌，看一看，挑选并记住其中一张。

　　记住了吗？很好。现在，假定你离开了房间，我把自己猜测的那张牌放进了衣服口袋。你回到房间，看到桌上摆了四张纸牌。我敢断定，你挑选的那张牌肯定不见了。剩下的四张牌见附录一（第222页）。看看你挑选的那张牌是不是不见了。

　　我说得对不对？你的牌还在吗？我必须如实告诉大家，想必你们已经明白，这跟我高超的魔术手法毫不相干，但跟心理学有着重大关系。

　　这个游戏屡试不爽是因为一个非常简单的心理学法则，那就是，我们往往只注意对自己非常重要的东西。假如你还没有弄明白这个游戏的秘密，就请再看看上面的纸牌。这次不要只挑选一张，而是把所有纸牌都记住。现在翻到附录一，看看那里的纸牌。正如你所看到的，所有的牌都不一样了。

不管你挑选的是上面哪张牌，在附录一都肯定会找不到。我让你做的是专心记住其中一张牌。对于这个游戏来说，这张牌举足轻重，而另外四张都变得无关紧要。当查看附录中的纸牌时，大多数人都会注意到自己挑选的那张牌不见了，却不会注意到其他所有牌也都变了样儿。这个例子生动地说明，我们往往只关注涉及自身利益的事情，而对其他一切视而不见。

这是一个非常浅显的理念，但对时机和运气来说具有重大意义。很多时候，我们丝毫没有察觉到身边的机遇，因为我们一心一意在追求其他东西。

我曾经就这个现象进行过一次简单的实验。我给了人们一张报纸，让他们浏览一遍，告诉我里面有多少张图片。这件事看起来既公正又公开。我只不过想知道报纸里面有多少张图片。所有人都觉得这是小菜一碟，大多数人只用了一两分钟去数报纸里的图片。少数人花的时间稍长，因为他们复查了一遍。

事实上，他们本来可以在几秒之内就告诉我答案，而且根本不必费心去数。为什么呢？因为这张报纸的第二页刊登了一条信息，上面写着："别数了，这张报纸里面共有四十三张图片。"这不是一条被挤在角落的短讯，这条信息占了半个版面，而且字号超过一点五英寸。这是一条显而易见的信息，它就在大家眼前。然而，谁也没有看见，因为他们一心一意在找图片。

　　他们还漏掉了一个更为重要的东西，那是一次赢得一百英镑的机会。在报纸的中间部分，我刊登了另外一条显而易见的信息，这条信息也用半个版面的篇幅用大号字体写着："别数了，告诉实验者你看到了这条信息，就能赢得一百英镑。"然而，没有一个人注意到这条信息，因为他们正忙于找图片。实验结束时，他们的行为令人忍俊不禁。我问他们有没有在报纸上看到什么不同寻常的东西，他们说没有，于是我让他们重新把报纸快速地翻看一遍。几秒过后，他们看到了上述第一条信息。许多人都哈哈大笑，惊讶于自己刚才竟然熟视无睹；当看到第二条信息时，他们更是目瞪口呆，说什么的都有。

　　所有参加这个实验的人，都没有注意到显而易见的重要机会，因为那不是他们所要寻找的。

　　问题是，哪些人会注意到这种机遇？谁会留意到那个魔术中的所有纸牌都变了？谁会发现那张报纸上赢取一百英镑的机会？答案在于幸运者和不幸者的性格在另外一个重要方面存在差异，那就是神经过敏性。在这方面，得分低的人通常性情平和、从容镇定，而得分高的人则比较紧张不安。

　　正如下页图所示，在性格测验中，幸运者的神经过敏性得分比不幸者要低得多。这一差别举足轻重，关系到他们是否能够从从容容地注意到偶然的机遇。

　　心理学家们早就深入探讨过焦虑对我们发现意外现象的能力有何影响。在一个著名的实验中，实验者要求人们仔细观察电脑屏幕中央一个移动着的点，然后在没有事先通知的情况下时不时在屏幕边缘闪出几个较大的点。几乎所有参加者都注意到了这些较大的点。

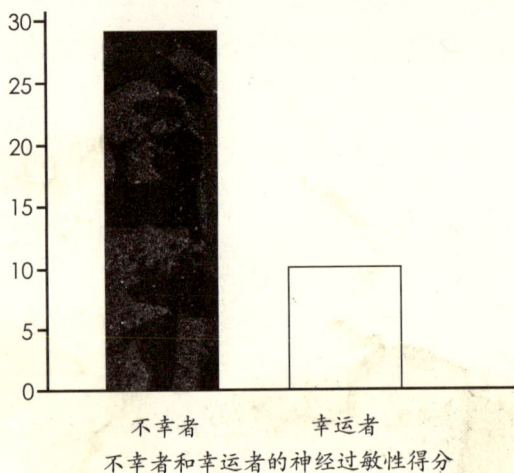

不幸者和幸运者的神经过敏性得分

　　然后，心理学家们找了另外一群人进行同一个实验，但这次宣布，谁能准确地观察中央的那个点就将赢得一大笔奖金。这样一来，参加者就远远没有那么气定神闲了。他们全神贯注地盯着屏幕中央的那个点，结果，当电脑屏幕边缘出现较大的点时，三分之一以上的人没有发现。他们盯得越紧，看到的东西反而越少。

　　由于幸运者往往比大多数人要气定神闲，因此更有可能注意到偶然的甚至是意外的机遇。他们就是那种能注意到报纸上的广告和电脑屏幕边缘较大的点的人。这种能力对他们的生活具有重大的积极影响。

　　为了阐明这一点，我们不妨先说说这个因素对于一种非常简单的运气，也就是在大街上捡到钱的可能性有何影响。六十七岁的理查德常常在路边捡到硬币，有时还捡到纸币。八年前，他决定把这些钱单独存放在一只大罐子里，罐子上写着"捡来的钱"。他把这只罐子放在厨房里，没多久便装得满满的了。理查德对我说，他发现了一个非常奇特的现象——他捡到钱的数额与他的快乐程度成正比。理查德注意到这一点，是因为他有一段时间特别留意了自己在大街上捡到多少钱与他是感觉轻松快乐还是心情沮丧之间有何关联。他的经验证明了这些因素在发现偶然机遇方面所起的重要作用：

当我感到郁闷或想着"唉，我今天才不愿自找麻烦呢"的时候，通常不会捡到钱。假如我心情愉快，步伐轻松，则很有可能在大街上捡到钱，因为这种情况下，我的感官似乎比较敏锐。这有点不可思议。我其实并没有存心出去捡钱，但由于我没有想着任何特别的事情，因此反而更有可能捡到钱。

幸运者有能力发现机会是他们用从容的眼光看待世界的结果。他们并没有刻意去寻找某种机遇，但机遇一旦出现，他们就会注意到。相比之下，不幸者往往比较心神不定。他们是那种忙于数图片而没有注意到报纸上可以让他们立即赢得一百英镑的广告的人。现实生活中，他们也许一门心思赶赴约会，想着找一份新的工作，或者唯恐生活中出现什么变故。结果，他们的注意力集中在一个非常狭隘的范围内，从而错过了身边每天都有的意外机遇。

幸运者常常谈到，他们在报纸杂志、公告栏或互联网上偶然发现的机遇改变了他们的一生。在第二章，我描述过林恩的幸运生活。由于偶然在报纸上读到一篇文章，介绍某女子在各种各样的竞赛中获奖，她的整个人生从此改变。这篇文章促使她参加了当地的一些竞赛。其他许多幸运者也都有类似的经历。以三十九岁的黛安娜为例，她是剑桥大学的教育学教授。她说，她不经意中在报纸上读到的一篇文章，成为她人生道路上的一个重要插曲：

对我的人生具有重大影响的一件事情是，我从报纸上看到有人谈论英国的学前教育问题。我写信给这篇文章的作者，表示深有同感。这位作者邀请我与他面谈，原来，他与政府的一个教育顾问委员会有联系。由于我给他们留下了深刻印象，因而我最终成了政府的学前教育计划的负责人。

还有一些幸运者是在电视或广播中碰上好运的。六十二岁的伊丽莎白是一名瑜伽教练，她把自己的好运归功于"神奇的收音机"总是带给她绝妙的机会：

每当我打开"神奇的收音机"，十之八九会有某条消息正是我所需要的。不久前，我面临离婚，律师说我需要一名私人侦探。第二天，当地一家广播电台播放了对一个私人侦探协会会长的访谈节目。于是我打电话给他，他向我推荐了住在我家附近的一名私人侦探。我跟这位侦探取得联系并雇用了他——事实证明，他的确身手不凡。还有一次，我想充实自己的人生，一打开收音机，正好听见一位女士在介绍当地一所大专院校的社会学课程。于是我给这家广播电台打电话了解了一些详细情况，几个星期以后，我报名参加了为期一周的住宿制社会学速成班，地点设在一座美丽的城堡里！我的"神奇的收音机"经常是这样的。

　　从容的心态不仅仅能帮助幸运者在大街上捡到钱，或在报纸杂志、广播节目中发现有用的信息。在结识并与他人交谈方面，这条法则同样适用。他们在参加聚会和跟人见面时，从来不处心积虑地希望遇到自己的理想伴侣，或遇到一个能给自己提供一份好工作的人。他们从容不迫，因而与身边的机遇更为合拍。他们在聚会上善于倾听。幸运者关注的是现实状况，而不是设法寻找他们想要看到的东西。因此，他们远比其他人更能抓住自然而然出现的机遇。

　　约翰是内华达州一名幸运的会计师，他也表示，许多大好机会都是在他身心放松而不执意追求某种东西时遇到的：

　　我认为，我的运气好在一定程度上是因为我对周围环境比较泰然处之，而不刻意追求某种东西。前不久，我想拥有一辆真正出色的小汽车，就是那种耗油量很低的新款车。这时候，假如我在心里想着"我想要一辆梅赛德斯二手车，耗油量高一点也无所谓"，那我肯定找不到。但我只是从从容容地顺其自然。我在分类广告中找到了一辆很棒的小汽车——不是梅赛德斯，但对我来说相当不错。另外，今年二月我搬到拉斯维加斯，我看了两处房子，想找一个理想的住所。假如我的要求太多、太具体，恐怕就不会找到合适的地方。而我的心态比较放松，于是很快就找到了一所好房子。所以我的体会是，假如目标定得太具体，生活就不会太幸运；假如顺其自然，那么一切都会很好。

总之，幸运者善于发现机会。他们并不千方百计地寻找这些机会，他们对待生活的从容态度，有助于他们注意到身边发生的事情。不刻意张望，看到的东西反而更多，这有点讽刺意味，但的确如此。"从容的态度"是一种大智慧，这就像在跟自己的内心交谈，他们告诉内心不要着急，生活总会有好事发生，这切实影响了内心正能量的产生，使与他们交往的人也受到了感染。

准法则3：
勇于尝试新的体验

幸运者还有无意中用来增强好运的第三个技巧，其核心是性格中的另一个重要方面，即"开放性"。在这个方面得分高的人，往往生活得多姿多彩。他们喜欢尝试新事物，比如新的食品种类或者新的做事方法。他们不墨守成规，喜欢不可预见性。在开放性方面得分低的人，要因循守旧得多。他们喜欢遵循一贯的做事方法，希望明天与昨天和今天没什么区别，他们不喜欢遭遇意外。

正如下图所示，在性格测验中，幸运者的开放性得分比不幸者高得多。这有助于提高他们在生活中经历偶然机遇的可能性。

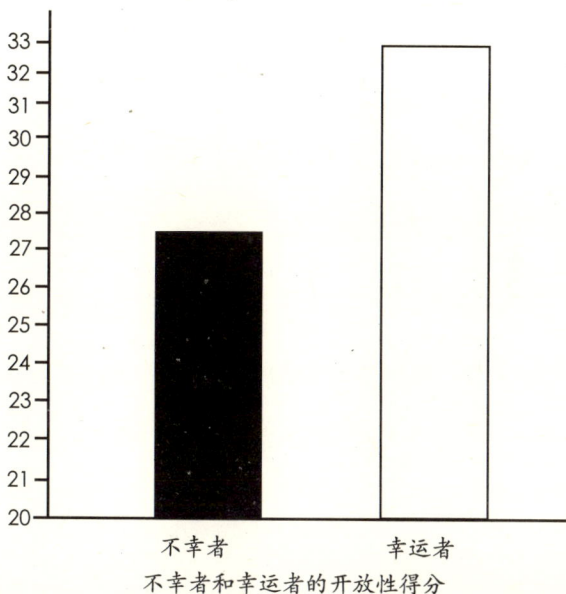

不幸者和幸运者的开放性得分

前面我们提到过罗伯特，这位飞机安全工程师的偶遇总是能带来好运。在一次谈话中，罗伯特强调，他喜欢让生活丰富多彩：

> 度假的时候，我们从来不预订房间，我们总是即兴搭乘航班，到了那儿再找饭店。

尤金尼娅是一名三十二岁的家庭主妇。尤金尼娅一生都追求新体验。她从事过各种各样的职业，从来不到同一个地方度假。她是当地一家手工艺俱乐部的成员，虽然其他大多数成员始终都坚持某一项手工，但尤金尼娅尝试过各种手工，从陶艺到缝纫、瓷器绘图和窗帘制作，等等。她还总爱尝试新产品，家里摆满了各式各样的早餐食品、洗衣粉、除臭剂和牙膏。她对我说，她连每个星期光顾周围的商店也要变换花样：

假如你让我每个星期去同一家商店，每次都买一模一样的三十样东西，那我肯定受不了。我必须这个星期去第一家，下个星期去第二家，再下个星期去第三家。

参加我的研究项目的许多幸运者都花了大量时间讲述生活的丰富多彩。有一位幸运者在进行重大决策时会列出各种可选方案，然后用掷骰子的办法来决定选择哪一种。还有一位幸运者声称，他发明了一个特殊的诀窍来迫使自己结交不同类型的人。他注意到，每次参加聚会时，他结识的都是同一类人。为了打破这一常规和增添生活的乐趣，他在抵达聚会地点之前先想好一种颜色，然后只跟穿那种颜色衣服的人说话！有一次聚会，他只跟穿红衣服的女士说了话；还有一次，他只跟穿黑衣服的男士说了话。

虽然这有点奇怪，但在某些情况下，这种行为的确能给我们的生活带来更多的意外机遇。想象一下，假设你住在一个面积很大的苹果园的中央，每天必须到果园里去摘一大篮子苹果。头几次，你往哪儿走都无所谓，反正果园里到处都有苹果，不管你走到哪个地方都能摘到。随着时间的推移，你去过的地方越来越难以摘到苹果。你到同一个地方去得越多，在那里摘到苹果的难度就越大。如果你总是选择以前没去过的地方，哪怕是随意选择方向，你摘到苹果的可能性就会大大增加。

运气亦如此。生活中的机遇是很容易耗尽的：总是以同样的方式跟同样的人交谈，上下班总是走同一条路线，总是去同一个地方度假。但新的、哪怕是随意的体验也许会带来新的机遇。这就好比前往果园里以前没去过的一个新地方。突然，你会置身于几百个苹果之间。

同样的机遇，不一样的生活

在研究过程中，我跟无数幸运者和不幸者谈过话，但最不同寻常的两次谈话是跟不幸的布伦达和幸运的马丁。布伦达经常出事。几年前，她被自家的狗绊了一下，跌到沙发角上。第二天，她身体的一侧出现疼痛。后来她疼得越来越厉害，开始感到呼吸困难。经医生诊断发现，在软软的沙发上跌的那一跤，竟然导致她的肺部萎陷。这种事情在布伦达的生活中并不鲜见。有一次，她在门上撞折了手腕，就在医生给她拆去绷带的几分钟之后，她摔了一跤，导致另一只手腕骨折。布伦达自认为特别不幸，用她自己的话说是一个"倒霉蛋"。而马丁则大不一样，几年前，他买了一张国家彩票。那天晚上，他躺在浴缸里听电视上的抽奖结果。当主持人宣布他选中的头三个数字时，马丁跳起来跑到客厅。紧接着，他选中的第四个、第五个、第六个数字都被抽中了，他简直不敢相信自己的运气。马丁中了头奖，奖金是七百万英镑，当然，他自认为是一个非常幸运的人。

刚开始跟他们谈话时，我请布伦达和马丁告诉我，他们最近有没有遇到过什么幸运或不幸的事情。多年来，我向许多幸运和不幸的人提出过这个问题。这一次的情况有所不同，因为我已经知道答案。事实上，我比布伦达和马丁本人更清楚他们最近的遭遇。他们还不知道自己参加了一项秘密实验，目的是探究运气与偶然机遇之间的联系。

跟我的大多数研究工作有所不同的是，这项实验不是在大学实验室进行的，而是发生在布伦达和马丁的日常生活中。不仅如此，我们还把整个过程拍摄下来。这些镜头以及布伦达和马丁在谈话中发表的观点给人以启示，使我们明白了，为什么幸运者在生活中的偶然机会远远多于不幸者。

在几个星期之前，我会见了英国广播公司（BBC）的一位电视导演，她正负责录制一个节目，介绍我对运气的研究。她说，好几位幸运者和不幸者——包括布伦达和马丁——已经报名参加这个节目，并乐于参与一些实验。我想给予马丁和布伦达同样的机遇，看看他们各自如何反应，从中剖析幸运者是如何在生活中创造偶然机遇的。然而，我不想在实验室里进行这个实验，我想在现实生活中进行。

没人能得到公平。人们只会得到好运或厄运。

——奥森·韦尔斯

这个主意听起来十分简单，但需要精心地规划，并需要几张五英镑的钞票、四个帮手和许多摄像机。实验场所设在大学附近的一家咖啡厅。电视台摄制组工作人员在通往咖啡厅的大街两旁，以及咖啡厅里面安放了几台摄像机。我们让马丁和布伦达在不同的时间分别前往咖啡厅，在那里等候我们运气研究项目的人。

我们为马丁和布伦达设置了两个"偶然"机遇。我们在咖啡厅外面的马路上放了一张崭新的五英镑钞票。马丁和布伦达在走进咖啡厅时，必须经过这张钞票——但他们会注意到地上的钱吗？我们还改变了一下咖啡厅的格局，里面只放四张桌子，每张桌子上安排了一个帮手。他们当中有一个是知名商人，另外三个不是。按照要求，不管是布伦达还是马丁走进咖啡厅，这四个人的行为表现必须一模一样。布伦达和马丁会充分利用机会吗？

我们开启了摄像机，等待着马丁和布伦达的到来。马丁先到。他一眼就发现了那张五英镑的钞票，捡起来并走进咖啡厅。进去以后，他要了一杯咖啡，在那位知名商人的旁边坐下来。几分钟以后，马丁向这个人做了自我介绍，并提出请他喝杯咖啡。那个人接受了，过了一会儿，两个人已经聊得热火朝天。马丁离开咖啡厅之后，我们重新在地上放了一张五英镑的钞票，等候布伦达的到来。

接下来出了点岔子。在布伦达之前，一名女子推着婴儿车走了过来。她发现了钞票，捡起来走了。我怀疑她是个一贯幸运的家伙，这我永远无法知道答案。我们重新放上一张五英镑的钞票，继续等待。几分钟后，布伦达出现了。她径直从钞票旁边经过，走进了咖啡厅。她到吧台前要了一杯咖啡，在商人的旁边坐下来。跟马丁不同，她始终一言不发地坐在那儿。

当天下午，我跟他们两个人谈起了那一天的幸运和不幸事件。布伦达一脸茫然，声称那天上午什么事情也没发生。马丁则绘声绘色地讲道，他在大街上捡到了五英镑，并在一家咖啡厅跟一位知名商人聊得十分投机。

同样的机遇，不一样的生活。让自己不断拥有新的体验，是提升人生正能量最有效的方法之一，你必须乐于发现生活中新鲜有趣的事物，并投入心力，才能激发更多吸引美好事物的能量，将各种好的情境、人和事件带进你的生命当中！

正能量练习6：你的运气概况——法则之一

让我们回过头来看看你在之前"运气概况"中的得分。这份问卷的前三项跟本章所讨论的准法则有关。第一项可检测你的外向性，第二项涉及你一贯的紧张程度，第三项说明了你对新体验的开放性。

评分：

回顾一下你对这三个项目的级别评定，把这些数字加起来，得出一个总分（参见下面的例子）。这是你在运气的第一个法则上的得分。

陈述	级别评定：
1. 我在超市或银行排队时偶尔会跟陌生人聊天。	5
2. 我一般不会对生活感到担忧或不安。	4
3. 我愿意尝试新事物，比如新类型的食品和饮料。	3
运气的第一个法则的总得分：	**12**

按照下面的划分方法，看看你的得分属于高等、中等还是低等。请把你的得分及所属类型记入"运气日志"，因为这些内容在我们讨论如何增强运气时有重要用途。

低　　　　　分	中　间　分	高　　　分
3 4 5 6 7 8	9 10 11	12 13 14 15

12=高分

我让许许多多幸运、不幸和居中者做过"运气概况"问卷。幸运者在这些项目上的得分往往比其他人要高得多，不幸者的得分往往最低（见下图）。

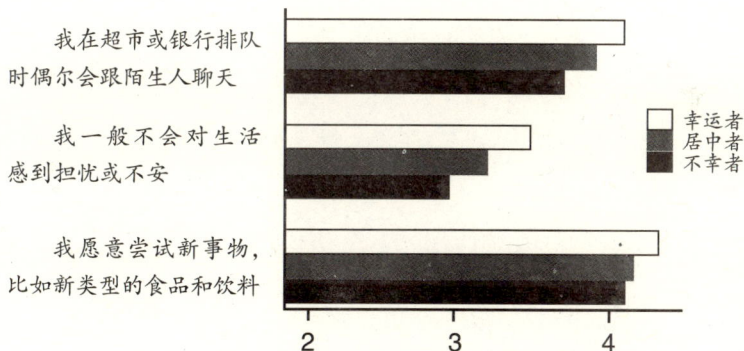

不幸者、居中者和幸运者在"运气概况"问卷中的平均得分

结语
如何增强你的幸运力

　　幸运者比不幸者更有可能创造、发现和利用偶然的机遇。他们的方法多种多样。他们结交的人比较多，因为他们是性格外向者。愿意跟他们交谈的人比较多，因为他们是"社交磁铁"。他们还善于跟别人保持联系。幸运者比不幸者要从容镇定，因而更能注意到生活中各个领域出人意料的机遇。最后一点，幸运者的生活丰富多彩，他们乐于尝试新体验，这也有助于增加他们碰到并充分利用偶然机遇的可能性。**幸运者运用的这些方法，能使内在的正能量真正地被驱动起来，形成一股强大的气场，帮助他们的生活彻底脱离平庸。**

法则之一：充分利用一切偶然的机遇
幸运者创造、发现和利用他们生活中的偶然机遇。

准法则：

1. 创造强大的"运气网"。

2. 时刻从容地面对生活。

3. 勇于尝试新的体验。

增强你生活中的运气

以下技巧和练习会有助于提高你创造、发现和利用偶然机遇的程度。仔细阅读一遍，想一想怎样把它们融入你的日常生活。在第八章，我将系统地阐述如何最有效地运用它们来增加生活中的好运。

1. 创造强大的"运气网"

回顾一下罗伯特，这位幸运的飞机安全工程师总是能遇到对其生活具有积极影响的人。罗伯特的成功秘诀是，他喜欢跟人打交道。他喜欢跟朋友一起消磨时光，参加聚会，在超市排队时跟陌生人聊天等——而他结识的人越多，碰到"偶然"机遇的可能性就越大。此外，罗伯特之类的幸运者还具有一种"社交磁力"——他们的肢体语言吸引着其他人。**认真想一想你在社交和工作中的肢体语言。要让微笑形成一种习惯。见到你认识的人或者你希望与之交往的人时要微笑。不要强装笑脸，而要真情流露。此外，要强迫自己摆出"开放性"姿势。双臂和双腿不要交叉，不要把手放在脸上。要保持友好的目光接触。要敞开胸怀、心情愉快地吸引他人。最后一点，你或许还记得，幸运者总是想方设法同他们结识的人保持联系。**别忘了，幸运的凯西自称是"人类收藏家"，竟然能邀请到五十位来自各行各业的朋友参加自己的生日聚会。我希望你也这样做。要不遗余力地结交更多的人，利用肢体语言吸引他人，并跟朋友和同事保持联系。

结交四个人

下个月的每个星期，请你主动跟至少一个不太熟悉或者根本不认识的人交谈。虽然幸运者觉得跟自己不认识的人聊天是一件很容易的事情，但大多数人觉得这有点难。下面是我的一些忠告：

★不要跟你感到厌恶的人聊天，要把目标定为那些显得十分友好、和蔼的人。

★别让你的开场白显得做作，要顺其自然，比如你在排队时正好站在这个人后边，在书店买书时正好和这个人走到同一排书架前，或者在乘火车或飞机时正好与这个人的座位相邻，等。

★开始时，你可以向这个人问询或求助。假如是在商店，你不妨问他知不知道商店几点关门；假如是在大街上，你不妨向这个人请教方向或者吃饭的地方。你还可以说说这个人身上使你感兴趣的地方。假如在聚餐时发现某个人穿了一件你打心眼儿里喜欢的毛衣，你不妨问问他是在哪儿买的。假如在咖啡店看到某个人拿着一本你早就想一睹为快的书，你不妨问问他对这本书有何评价。要使用开放式而非封闭式提问。封闭式提问可以用一个简单的"是"或"否"来回答，不利于进一步交谈。开放式提问需要比较详尽的回答，通常可以引发一番交流。例如，"你喜欢托尔金的书吗？"是封闭式提问，而"你觉得托尔金的书怎么样？"则是开放性提问。

★假如对方显得很友好，你就可以继续深入。告诉他，你为什么想知道商店几点关门，为什么想找到某个地方，或者为什么想读某本书。如果谈得投机，你就可以提议再次见面。不要羞于直说，你可以问他是否愿意找个时间一起喝杯咖啡，可以考虑邀请他参加聚会，或者跟你的朋友们一起去看电影。

★最重要的是——不要害怕遭到拒绝。最初的几次努力也许会是非常简短的对话，仅此而已。别太在意——也许那个人很忙，或者不想聊天——要坚持下去。周围有那么多人，其中必定有许多人会很乐意你跟他们聊天。

联络游戏

请你每周跟一个已经相当长一段时间没有联系过的人进行联络。许多人觉得这件事很难，那么，我就给你出几个主意。

把你的通讯录查看一遍，列出你已经相当长一段时间没有联系过的人的姓名和电话号码。把你在学校和过去的工作单位结识的人都包括进来，单子越长越好。然后，每周玩一次"十分钟联络游戏"，花十分钟时间，给你已经相当长一段时间没有联系过的人打电话。挑选一个人，拿起话筒，拨通电话。假如对方接了电话，那就跟他聊一聊——就说久违了，问问他现在过得怎么样，最近有什么新鲜事儿，等等。假如对方没接电话，那就马上换一个人接着打电话。你有十分钟时间，跟你已经相当长一段时间没有联系过的人打电话，现在就开始行动吧。

2. 时刻从容地面对生活

前面我们讲过，心情紧张的人往往注意力过于集中，因而常常注意不到他们身边的机遇。回想一下我前面所说的报纸实验——所有人都因为专心致志地数图片而错过了赢取一百英镑的机会。幸运者对待生活的态度比较从容，因此能够注意到他们身边的机遇。另外，问题不仅仅在于你怎样看，还在于你朝哪里看。大家也许还记得，幸运者常常会在报纸杂志上碰到最终改变其人生道路的机遇。林恩在当地一家报纸上读到一篇文章，说一名女子在许多竞赛中获奖，她的生活从此改变。这篇文章最终促使林恩在全国性竞赛中赢得了好几次大奖，并实现了当一名自由撰稿人的人生理想。还有一些幸运者称，他们在上网和听广播时碰到重要机遇。请把这些技巧都融入你的生活——每天都从容不迫，对你身边的诸多机遇做出积极的反应。试着用孩子的眼光来看待这个世界——不带奢望，也不带偏见。关注现实，而不是你所期待的。放松，高兴一点，不要让期望制约了你的目光。如果你在参加聚会时一心想要寻找自己的梦中情人，那你也许会错过结识一个生死至交的绝妙机会。记住，机遇就在你的身边，问题只在于要认清地点，关注现实。

推荐练习

放松，然后去做

许多幸运者提到，他们运用各种放松技巧来减轻压力。这个练习非常有用，它能帮助你对生活采取比较从容的心态，减轻你的身心紧张。马上进行下面这个练习，每当你觉得焦虑不安时，就把它重复一遍。

首先，找一个安静的房间或场所。然后，闭上眼睛，做几次深呼吸。现在，想象自己置身于一个令人心旷神怡的地方。也许你正躺在阳光明媚的沙滩上，也许你正走在夏日午后的林荫道上，也许你正欣赏一片宁静的湖光山色。在脑海中尽情渲染让你感到平静和愉快的景象，想象一下那会是什么样子。想象一下，假如你真的置身于其中会听到些什么：海浪拍岸的声音、小鸟的叫声、微风拂过树林的声音，等等。想象一下脚底踩着绵软的细沙、空气中弥漫着怡人的清香。想象自己陶醉于周围的一切景物——不仅仅是你想看、想听的，而是所有的一切：声音、形状、色彩、气息。

现在，想象一下你体内的紧张情绪正渐渐消逝。想象它流经你的五脏六腑，从你的脚底和手心流出。从脑袋开始，放松脸部肌肉，这时，你会感到紧张和压力逐渐退去。现在，轻轻地左右、上下转动你的头部。彻底放松你的肩膀，轻轻挥动手臂，想象一下紧张情绪正顺着指尖离你而去。再次深呼吸，放松上半身。轻轻地分别摆动两条腿，想象它们处于完全放松的状态。休息一会儿，让平静安详的感觉弥漫你的全身。

最后，慢慢睁开双眼，回到现实世界。想想看，你现在的感觉跟练习之前有什么不同，是不是感觉轻松多了？这种感觉至关重要，它对你的身体、心灵和运气都大有助益。

练习的次数越多，你就能越快地达到这种放松的状态。因此，不管什么时候，只要你感觉到了紧张，那就花点时间做一做这个练习。结果会让你大吃一惊。

3. 勇于尝试新的体验

许多幸运者因为乐于拥有新体验，而大大增加了碰到偶然机遇的可能性。许多人经常变换上下班的路线，有时甚至用掷骰子的办法来做出决定。记住，果园里摘苹果的比喻说明，这种行为可以迅速提高人们在生活中碰到偶然机遇的可能性。把这些技巧融入你的生活，看看会发生什么事情。愉快地尝试新体验，改变常规，甚至考虑把一些无关紧要的决策权交给骰子。不妨前往果园中你还从来没去过的地方，看看你能摘到多少苹果。

推荐练习

掷骰子游戏

列出六种新体验——你从来没做过但愿意尝试一下的事情。有些体验可能会非常简单，比如尝试新类型食品，或者去一家新的饭馆。还有一些体验也许会富有冒险性，比如蹦极或者悬挂式滑翔运动。有些可以轻松愉快，比如打一场充满激情的高尔夫球比赛，或者去一趟动物园。

有些则需要较长时间的努力，比如学习一门新的语言，报名上夜校，参加体育运动，或者为某个志愿组织做些工作。你还可以选择一些突破自身舒适极限的活动——假如你过去曾经因为怕水而不愿学游泳，那你现在也许可以考虑上一个游泳班。也许，新的体验将实现你心中埋藏已久的愿望——假如你一直想加入马戏团，那你可以考虑报名上一个周末班学习演小丑。

把这些想法写下来，从一到六编上号。接下来，找一枚骰子。现在，重要时刻到来了。你必须对自己许下诺言。你必须承诺，不管掷骰子的结果选中的是哪一项新体验，你都会照办。你不能调换，也不能反悔。这时候，你也许想改一改单子上的新体验。可以，一旦你确定了清单，就必须掷出骰子，照它的选择去做。

现在，请列出清单，掷出骰子，然后享受你的新体验。

第四章

法则之二：相信自己的幸运直觉

>>>>>>

原理：幸运者运用直觉和预感，做出成功的决策

在我的研究过程中，二十六岁的销售代表玛丽莲是一名典型的不幸者。她在生活中处处倒霉，而最不幸的要数爱情生活。玛丽莲在西班牙的一个酒吧工作时，遇上她的初恋男友斯科特，当时他十九岁，刚从英国到西班牙度假两个星期。到达目的地的头一天晚上，他走进玛丽莲工作的那个酒吧，两个人聊了起来。他们相处得十分愉快，因此经常见面。假期结束时，斯科特对玛丽莲说，他爱上了她，愿意到西班牙来陪伴她。几个星期以后，斯科特带着行李再次来到西班牙，开始跟玛丽莲同居。

玛丽莲以为自己找到了理想的伴侣，就像童话中的浪漫故事一样。最初一切顺利，然而过了几个月以后，他们的关系开始出现问题，斯科特开始粗暴地对待玛丽莲。他变得自私傲慢，动辄恶语相加。玛丽莲以

为这是由于斯科特思念家乡所致，于是提议搬到伦敦去住。几个月以后，两个人飞往伦敦，玛丽莲满心希望他们的关系会从此好转。然而，一切都越来越糟。斯科特继续虐待她，情况迅速恶化。玛丽莲最终发现斯科特移情别恋，于是跟他断绝了关系。

时隔不久，玛丽莲遇到了约翰。两个人一见钟情，很快住到了一起。然而，这段恋情再次以悲剧告终。同居后不久，约翰失业了，玛丽莲不得不靠微薄的助学金养活两个人。后来，约翰找到了工作，却常常懒得去上班。他开始从玛丽莲的账户里大举借钱，却极少偿还。当他们的关系最终结束时，他给玛丽莲留下了几千英镑的债务。

幸运者在选择伴侣时往往要成功得多。跟参与研究项目的其他许多幸运者一样，莎拉的爱情生活十分美满。上大学的时候，她加入了军训团，第一次训练时便跟教她如何拆开和清洁自动步枪的年轻教官聊得十分投机。两个人都觉得对方非常适合自己。她取消了已有的婚约，嫁给了这位教官。做出这个决定需要很大的勇气，但莎拉相信自己做的是对的。时间证明，她的选择是正确的——他们两个人现在已经在一起幸福地生活了二十七年。

有趣的是，幸运者做出恰当决定和选择的能力也充分体现在职场上。他们所信任的同事和顾客从来都是诚实可靠的，在事业和经济方面总是能做出合理的抉择。不幸者恰恰相反。他们往往做出拙劣的经营决策。信赖不可靠的家伙，刚买完股票便股市下跌，他们支持的马在跨越第一道障碍时便摔倒。

我问过幸运者和不幸者，是什么促使他们做出了成功和不成功的决策，他们都不知道该如何解释自己一贯的好运和霉运。幸运者说，他们总是本能地知道怎样决定是正确的。相反，不幸者反复斟酌，到头来却还是失败。**为了弄清幸运者的决策为什么能比不幸者的决策带来更多的成功与幸福，我进行了研究。结果将证明，我们的潜意识威力无比。**

让我们从一个不同寻常的演示开始。下页是六个虚构的金融分析师的头像和简介。他们都在股市摸爬滚打了多年，有的成就非凡，有的一无所获。请你阅读他们每个人的简介，看一看相应的头像，用几秒的时间想象他们都是活生生的分析师。把六个人都看完以后再回到这里。

六个人都看过吗？现在，我再向你介绍两位金融分析师。假设这两个人都将就如何理财向你提出建议。你以前从来不认识他们，也不了解他们的来历。请你迅速看一看他们的脸，并决定该听谁的。不要思考得太久——只需迅速看一眼，做出决定，然后回到这里。这两个新的分析师的头像见附录二（第222页）。

记住你选择的是哪一位。在剖析你的选择所具有的意义之前，我们先要说说我为揭开幸运者为什么总是做出合理的决定之谜而开展的研究。

约翰能准确可靠地预测股市行情，
凭借这一能力成了亿万富翁。

十年来，比尔对股市行情的预测总
是恰到好处，并带来丰厚的利润。

埃里克关于股市的预测总是失败，
谁都知道他是一个拙劣的分析师。

诺曼因为对股市行情预测不准而
损失了一大笔钱。

杰克具有预测哪只股票会升值的超常
本领，他的投资赚了几百万英镑。

戴维现在考虑改行，因为他对市
场的预测总是不得要领。

准法则1：
直觉具有神奇的能量

　　我研究了幸运者和不幸者做决定的方式有哪些不同——他们如何评估证据，如何看待不同方案并做出取舍。一开始，我发现两类人之间没有什么区别。后来，我决定探讨一下幸运者和不幸者的区别是否在于一个比较神秘的决策角度——直觉。

　　大多数的感觉是比较容易确定的——如果有人说他们觉得快乐、难过、愤怒或者平静，我们完全明白这是什么意思——但假如有人谈起直觉，我们恐怕很难确切地明白他是指什么。部分原因是，不同的人对这个词有着不同的理解。对有的人来说，直觉就是让人莫名其妙"恍然大悟"的东西。有的人用"直觉"来阐述一种创造力。艺术家、诗人和作家在谈论其画作、诗歌和著作背后的创作过程时，通常都会提到自己的直觉能力。

　　我对这些直觉不感兴趣，我要探究的是，我们如何运用直觉来做出人生重要的决定。认为我们所做的事情或将要做的事情是绝对正确或绝对错误的，这是一种非常奇特的感觉：我们刚刚遇到的人是自己的理想伴侣还是令人唾弃的骗子；一个带有冒险色彩的经营决策会成果显著还是会彻底失败。我想知道，幸运者是不是比不幸者更经常地运用直觉？如果是，那他们是把直觉用于生活中的各个领域还是只用于特定的某些决定？为了给这些问题找到答案，我决定进行一项调查。我让一百多名幸运者和不幸者填写了一份有关直觉在其生活中所起作用的简短问卷。问卷要求每个人标出他们在以下四个领域做决定时是否运用直觉：事业、人际关系、经营和财务。

结果非常有趣。正如下面的图表所示，相当大一部分幸运者在其中两个领域做决定时运用直觉。**约百分之九十的幸运者表示，他们在人际关系方面相信自己的直觉。约百分之八十的幸运者表示，直觉在其择业方面发挥了关键作用。大概更为重要的是，声称在全部四个领域都相信直觉的幸运者比例高于不幸者。这种差别绝非微不足道。在重要的金融决策方面运用直觉的幸运者比不幸者多大约百分之二十，在择业方面运用直觉的幸运者也要多百分之二十。**

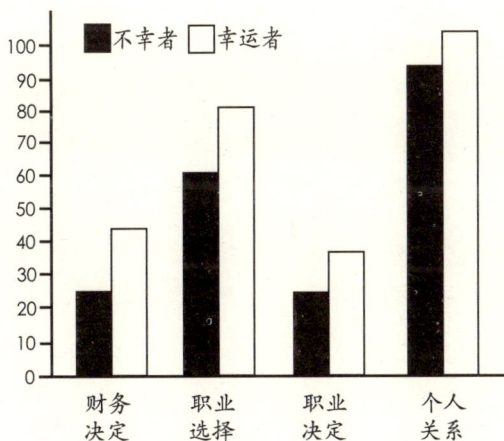

在生活中的各个领域运用直觉的幸运者和不幸者比例

这些结果说明了运气与直觉之间有着重要联系。在做出人生重要决定时，依赖直觉的幸运者远远多于不幸者。其含义非常简单——就运气而言，直觉很重要。然而，这些结果带来的问题多于答案。是不是幸运者的直觉格外准确可靠？如果是，为什么会这样呢？为什么不幸者远不如幸运者那样经常地靠直觉来做决定？要进一步弄清真相，就必须探讨一下潜意识。

一百多年来的心理学研究积累了有关我们如何思考、感知和行为的大量资料。一些最惊人、最有趣的成果是关于潜意识在我们日常生活中的作用。假如我问你为什么要买下某件毛衣或者为什么要把房间刷成某种颜色，你大概能说出充分的理由。你买下那件毛衣也许是因为喜欢它的款式，那样粉刷房间是因为那种颜色使房间显得温暖舒适。你所做的事情都是有一定道理的。不管是无关紧要还是事关重大的决定，你都会经过一番思考。

或者，至少你认为自己是经过了一番思考的。但是，假如这一切不过是幻觉而已呢？假如你生活中的许多重要决定，受到了意识之外的某些因素的影响呢？这听起来犹如电影情节或者阴谋诡计，但几百个心理学实验的结果表明，这是真的。**在影响我们的思考、决策和行为方式的因素中，只有极少数是我们能够感觉到的。很多情况下，我们受到潜意识的驱使。**

我们不妨来说说潜意识对某些人的决策产生影响的一种直接方式。我们每个人都有需求和愿望。大多数人会希望找到理想的伴侣或者轻而易举赚到一大笔钱。对有些人来说，这些愿望会对他们的世界观产生重大影响，甚至会使他们看到自己想要看到的东西而非摆在眼前的事实。找到理想伴侣的愿望也许会让他们忽视显而易见的欺骗或不和谐。轻松赚钱的需求也许会使他们投资于显而易见的骗局。然而，在潜意识当中，这些人往往明白自己是在自欺欺人。**在内心深处，他们知道事情有点不对劲，这种奇怪的感觉往往就是一种直觉——灵魂之声或预感告诉他们，他们在拿自己开玩笑。有的人听从了这一灵魂之声，有的人则继续一厢情愿或者自欺欺人。无论如何，这个例子都简明扼要地说明了我们的潜意识的确能够影响我们的思考、感知和行为方式。不过，情况不只如此。事实上，这只是冰山一角。**

我们再来说说买毛衣和粉刷房间的例子。表面看来，你非常清楚自己为什么要买你已经买下的那样东西。在一定程度上大概是这样。你买下那件毛衣是因为你喜欢它的款式。你那样粉刷房间是因为你喜欢那种颜色。可是，你为什么觉得那件毛衣的款式比其他毛衣的款式要好呢？你为什么喜欢把房间刷成红色而不是粉色呢？这些喜好在多大程度上受到了潜意识的引导？

正能量练习7：直觉在你生活中的作用

这个练习旨在评估你的直觉和预感在你生活中起着多大的作用。

翻开"运气日志"新的一页，在顶端写下标题"我因为相信了直觉而感到高兴的时刻"。回想一下你对某个人或某件事有着强烈的直觉，并根据这种感觉采取了相应行动，而现在你很高兴自己当初那样做的时刻。也许，最初被人给你介绍伴侣时，你本能地认为你们两个人十分相配，现在已经在一起幸福快乐地生活了很长时间。也许，你曾突然间凭直觉断定某位好友不可信赖，于是不再把一些特别隐秘的事情告诉他，后来得知他一直在背后传播有关你的流言蜚语。也许你的直觉曾在职场上发挥了作用。也许，你曾觉得在事业上的某种举措是正确的，于是不顾其他人的劝阻果断采取了行动，并得到了梦寐以求的工作。

在你的"运气日志"上把这些事情都简要地记录下来。

接下来，在"运气日志"的下一页写下标题"我没有相信自己的直觉，结果后悔莫及的时刻"。

这一次，想一想你对某个人或某件事有着强烈的预感却没有采取相应行动，现在后悔不已的例证。也许，你曾预感到伴侣在欺骗自己，却继续与之保持关系，后来发现他或她果然对你不忠。也许，你曾莫名其妙地觉得事情有点不对劲，却仍然做了某笔生意，现在真后悔当初没有听从灵魂之声。

看看你在这两页"运气日志"上写下的事情。大多数人在完成了这个练习之后，才意识到直觉在其人生的某些重要决定中发挥了关键性作用。许多人还意识到，他们人生中的一些重大失败都应归咎于自己不愿听从灵魂之声。想象一下，假如直觉在你的生活中出现得更频繁、更准确，假如预感在分辨是非方面充当可靠的警钟，那会是什么样子。

大量研究都探讨过喜好与潜意识的问题。一个著名的研究项目是，实验者向人们展示了画在纸上的许多波纹，那是一些没有任何意义的图案。稍后，实验者向每个人展示了一长串波纹，有的跟他们刚才看到的纹路相同，有的是他们从未见过的。实验者要求每个人指出哪些是他们刚看到过的，哪些是他们从未见过的。结果发现，波纹很难记住，人们根本分辨不清。

接下来，实验者让人标出哪些波纹图案是他们所喜欢的。这些波纹有的比较吸引人，而有的平淡无奇，当实验者查看有哪些图案对人们富有吸引力时，他们发现了一个令人惊奇的现象。无意中，人们无一例外地选择了他们最初看到过的波纹图案。他们并不记得自己看到过这些图案，但不知出于什么原因，他们就是喜欢。更为有趣的是，参加者为自己的选择找出了各种各样的理由。有的说，他们选择了某些图案是因为它们比其他图案要美。还有的人说，他们是"凭感觉"。令人难以置信的是，几乎谁也没有想到影响其决定的真实因素，那就是，他们喜欢的是最初见过的图案。

这一结果绝非偶然，因为心理学家们一次又一次地发现了这一现象，有时是在实验室，有时是在别的地方。这种"熟悉"效应不仅局限于图案。在无意识当中，我们总是比较喜欢自己见过的东西。这种现象影响着我们平日的许多思维和行为。公司之所以愿意斥资几百万英镑做广告在公众面前宣传其产品，部分原因就在于此。潜意识引导着我们的许多日常抉择：从买毛衣到选择房间的涂料颜色，从挑选商品到选择超市。

你有没有过对别人介绍你认识的人，一下子便产生某种强烈感觉的经历？你不知道是一种什么样的感觉，反正是有某种感觉。那"某种感觉"也许是积极的，你也许发自内心地喜欢对方，也许一下子就觉得可以信任他。这种感觉也可能是消极的，不知为什么，你就是不信任他。这些凭直觉得出的印象，往往决定着我们跟某个人交谈多久、是否愿意再见到他、是否信任他以及是否希望跟他做生意。最近的实验结果表明，这类决定也取决于潜意识的作用。有些研究工作是不久前刚刚完成的。事实上，十五分钟之前我才在你身上进行了一番调查。

记得你在前面看过的几位金融分析师的头像吗？这个简单的演示旨在探究你对人的印象是否会受到潜意识的影响。我让你看了六位虚构的金融分析师的简介，他们有的成绩卓著，而有的不然。接着，我让你看一眼另外两位分析师的简介，确定如果你要把自己的储蓄用于投资的话会听取谁的建议。再看看附录二的两幅头像。据我估计，你会听取第一位分析师的建议而拒绝第二位分析师的意见。这是根据我在实验室进行的类似实验做出的判断，当时百分之九十参加实验的人选择了第一位分析师，说明这个测验适用于大多数人。它还揭示出，大多数人不知道自己为什么这样选择，感觉像是一种信赖感。

这个演示的依据是心理学家托马斯·希尔（Thomas Hill）和他在塔尔萨大学的同事们发明的一个实验。在一开始，六位金融分析师的脸形与他们的投资成就之间存在一定关系。长脸（也就是眼、口、鼻在脸上的位置比较靠上）的人被描绘成有成就的形象，而短脸（也就是眼、口、鼻在脸上的位置比较靠下）的人被描绘成毫无建树的形象。不知不觉间，你的潜意识可能觉察到了这些区别，进而影响了你对后来两位金融分析师的评价。大多数人所倾向的第一位分析师有一张小脸。你前面看到的长脸分析师都被描绘成了"有成就"的形象，这可能在无意中影响了你的选择。你也许认为自己选择这位分析师而舍弃那位分析师只是猜测，或者凭直觉判断出其中一位分析师比另一位要出色，但事实上，这些决定恐怕是潜意识超乎寻常的分辨能力造成的。

其实任何艺术领域中的大多数人，私下里都怀疑自己是真的有才华还是因为运气好。

——凯瑟琳·赫本

当然，这些实验涉及的只是非常简单、而且多多少少带有人为色彩的脸形和描述。在我的演示中，有成就的金融分析师都长着长脸，毫无建树的分析师都长着短脸。现实世界中不会是这样，而且纯粹以貌取人是错误的。实际上，托马斯·希尔和他的同事们所设计的实验旨在证明，这种思维可能会误导我们。他们声称，在看到几个人凑巧属于某个类型之后，我们也许会推而广之，把今后遇到的人都归入这个类型。

然而，同样的思维过程也可能造成相当准确的直觉。事实上，同一类型的人的确有着相近的行为方式，而我们的潜意识有着分辨这些类型的超常能力，当某种局面或某个人突然让人觉得十分相符或者完全不符的时候，它就会拉响自觉的警钟。我跟许多人的交谈表明，幸运者的直觉和预感一而再再而三地发挥良好的作用。相反，不幸者往往忽视自己的直觉而做出事后追悔莫及的决定。事实上，衡量幸运者与不幸者的标准在于：能否每天，以至每时每刻都运用直觉的正能量，做出正确的判断，最终实现幸福的生活。

　　我在前面提到过倒霉的玛丽莲。她有过两次严肃认真的恋爱，第一次是跟斯科特，第二次是跟约翰。两次恋爱都犹如可怕的灾难。我问玛丽莲，她在开始恋爱之前是否对对方有过直觉上的看法。她对我说，直觉不仅仅向她发了话，而且曾对她大声喊叫。斯科特搬到西班牙去的时候，玛丽莲到机场去接他。她说，当时她的灵魂之声告诉她，事情很不对劲：

　　看到他推着行李走过来，我的第一反应是：快躲起来，别让他看见你，回去。他没看见我，于是我又想"不，别过去接他，快回到车上去"。

　　玛丽莲忽视了自己的预感，如今后悔不已。值得注意的是，她和斯科特在西班牙的整个期间，她一直有类似的感觉。然而，她没有采取相应行动，而是继续满怀希望地等待斯科特成熟起来：

　　我确实爱他，但爱的不是他本身，而是我希望他成为的样子。我指望着他会渐渐成熟起来。

　　尽管本能地觉得事情很不对劲，玛丽莲还是跟斯科特相处了近一年半。她跟第二任男友约翰的恋爱也以悲剧告终。玛丽莲觉得，在那次恋爱中，她的直觉也是非常合理的，可惜她没有相信自己的直觉：

我知道约翰的为人，他爱撒谎。他不断编出一些离谱的事，我知道是假的。从遇到约翰的那一天起，我从来就没有相信过他，从来没有……可我还是维持着跟他的关系，因为我很寂寞。伦敦也许是个鬼地方，但我觉得自己需要他。

不仅仅爱情如此。许多不幸者都提到，他们为过去在人生其他方面没有按直觉办事而后悔。幸运者恰恰相反。他们常常讲起自己因为相信直觉而取得成功的往事。我们在第二章提到过李，他好几次幸免于受伤，并且是一个非常有成就的营销经理。李至今还清晰地记得他第一次遇见妻子时的强烈预感。当时他的直觉立即告诉他，他们是天生一对。事实证明，他的这一预感千真万确——他们已结婚二十五年，一直生活得幸福快乐。

在我的研究项目中，他不是唯一一个有过这种体验的幸运者。在这一章的开头，我提到了莎拉，她在军训团一下子便认准了自己的理想伴侣。四十五岁的女教师琳达也有过非常类似的经历。二十多岁的时候，她跟自己在肯尼亚认识的一名男子订了婚。她回到英国收拾东西，准备乘船回到肯尼亚去完婚。旅途本来只需几个星期，但由于苏伊士运河突然关闭，琳达在船上被困了一个月。她在船上结识了另外一名旅客，本能地断定这个人才是自己的理想伴侣。她取消了在肯尼亚的婚礼，嫁给了这个人，如今两个人已经在一起幸福地生活了许多年。

幸运者的直觉、内心本能的反应和预感能在生活中发挥重要作用，有时能带来生与死的差别。

　　二十四岁的埃莉诺是来自加利福尼亚州的舞蹈演员，她认定，预感曾经救了她的命。有一天晚上，她开车回父母家，中途发现后面尾随着一辆摩托车。它的行进方式有点奇怪，埃莉诺猜测骑摩托车的人一定是迷路了。她在父母家门口停下车，摩托车跟上来，停在了她的车旁边。她向我讲述了接下来发生的事情：

　　我知道这听起来特别离奇，但当我摇下车窗时立即感到了不妙，那是一种非常强烈的感觉。我这辈子只有少数几次产生过这种感觉，纯粹是一闪念间。我突然感到特别冷。他没有掀起头盔的面罩，显得阴森森的。我也不知道为什么，但就是知道他有枪，想杀人。

　　她拿不定主意该怎么办，但知道自己不应该下车。她慢慢地摸到钥匙开始点火。骑摩托车的人似乎紧张起来，很快溜走了。进屋后，她报了警。两天后，一名警察在相邻的城市拦住了这名摩托车手，他掏出枪打死了警察。不久，警方将他抓获，经查明，埃莉诺遇到的那个神秘的摩托车手是一个犯罪团伙的成员，这些人根本不把别人的生命当回事。埃莉诺认定，她凭直觉去启动汽车的决定救了自己的命。

　　三十二岁的戴维来自伦敦，迄今为止大部分时间都是在当建筑工人。他对我说，毋庸置疑，预感曾经使他免受重伤甚至死亡：

　　当时我在伦敦的这幢大楼顶部干活儿。那个屋顶很大，有塔楼，有角楼。那是冬天，正下着雪，我要修补屋顶的好几个地方。我注意到，在离屋顶主层大约七英尺的下面有一个二十英尺见方的正方形通风井，上面有大约三英寸厚的积雪。它看起来像是整个屋顶的一部分，就在我准备跳上去的时候，却突然停下了脚步。也不知道为什么，反正我没跳，而是接着查看屋顶。回到楼里以后，我无意中一抬头，发现那个通风井其实是一个巨大的天窗——镶在屋顶的一大块玻璃。由于积雪覆盖，我刚才没有看到玻璃，假如跳了下去，就会冲破玻璃跌到六十英尺以下的旋转楼梯上。令人惊异的是，我居然没有往那个小通风井上跳，这完全不符合我的个性。不知道为什么，反正有某种东西阻止了我，我当时就是觉得不对劲。

无意中，戴维在潜意识中对建筑物的了解大概激发了一种幸运的预感，这种预感救了他一命。

还有的幸运者称，直觉帮他们在职场取得了成就。李把自己在生意上的成功归功于自己对潜在的客户和职员有着准确的预感。他说，有一次，他对自己的感觉深信不疑，竟然置同事的意见于不顾：

我们接到一个潜在客户的电话，他想了解一些情况，别人都懒得跟他讨论。我跟这个人谈了谈，他想找一样东西，但我对他所说的东西一无所知，我想"我得设法帮他找到这个东西"，于是出去帮他找。这只是一笔很小的订单，大家都劝我别浪费时间。但我下定了决心要帮这个人订到货。事实上，我彻夜未眠，大约凌晨一点找到了他想要的东西，并且亲自给他送去了。一年当中，我跟这个人做了十四万英镑的生意。整个公司都非常高兴。我看人很准，而且相信自己的直觉。我还培训过公司新招聘的营销人员，凡是我认为不错的人，最后通常都在业务方面表现得非常出色。

在前一章，我们谈到过罗伯特，他是一名飞机安全工程师，工作内容之一是检查飞机出了什么问题。大型飞机是非常复杂的机械，有时候很难找出毛病出在哪里，往往需要耗费大量时间和精力，但罗伯特具有发现问题的超常本能：

我接触的是航空电子设备——仪器、电表、无线电、换能器、发射器、黑匣子，等等。有时候，问题非常细微、非常复杂，让人不由得在心里想："到底是怎么回事呢？"我跟飞机打交道多年，不知道是不是因为我对它们了如指掌，反正我常常一下子就能找到出问题的地方。在那么庞大的飞机系统中，我一眼就能看出问题所在。

同事们往往花费好几个小时一一检查有可能出问题的地方，罗伯特却总是首先查看凭直觉认为有问题的地方，而他的直觉一次又一次显示出惊人的准确性。罗伯特的直觉来自他多年与航空电子系统打交道的经验。他在潜意识中对这些系统的了解是他自己都无法想象的。

詹姆斯供职于一家大型城市银行，负责处理大额公司贷款。他在同事当中以运气好而闻名，在一次交谈中他表示，他的好运在相当大程度上应当归功于相信自己的直觉：

我常常需要决定是否向潜在的客户发放巨额贷款，而我在做出这些重要决定时往往依赖直觉。我把它当作警钟，根据它来做进一步的斟酌。有一件事让我印象深刻，某公司来找我申请一大笔贷款。从文字材料来看，这个公司完全符合条件，而且他们派来的代表谈得头头是道。但我就是觉得有点不对劲，所以不太愿意签字。别人都劝我贷款给他们，但我决定拖延一两天，派手下的人再查一查。我们非常详细地阅读了各种相关材料，而且更加全面地调查了这家公司。我们突然间看到了另外一幅景象。该公司存在严重的财务问题，但其千方百计向我们隐瞒了实情。回去以后，我驳回了他们的申请。这是我从业以来最英明的一次举动，几个星期以后，新闻界披露了我们曾发现的情况，那家公司已卷入一桩大丑闻。

在我本人的生活中，直觉也对我的运气起着重要作用。几年前，我受邀在一家大银行主办的商业会议上致辞。由于议程的时间安排，我不得不在会议中心旁边的饭店住一夜。在办理入住手续时，前台服务员要求我出示信用卡以便刷卡付账。我以前无数次遇到过这种事情，通常想都没想便把信用卡递过去，但那一次，我心里突然感到不安。我不知道自己为什么觉得别扭，但就是不愿把信用卡递给他。那种强烈的感觉促使我一反常态用支票付了住宿费。第二天，我做了演讲，然后回了家。几个星期以后，我接到会议主办单位的一段电话留言，他们让我查一下自己的信用卡对账单，看看有没有问题。我查了一下，但没有发现任何差错。我觉得奇怪，便打电话给主办单位，问他们为什么让我核查账单。对方解释说，会议饭店的一名工作人员前不久因参与一起大规模信用卡盗用案而被捕，好几名在饭店住过的与会代表成了受害者，他们的信用卡上平白无故多出一大笔开支。据我推测，多年来剖析撒谎心理学的经历，使我在潜意识中能够识别不诚实的言行，而那位前台服务员的行为恰恰与此相符，于是让我感到了不对劲。不管怎么说，直觉为我节省了大量时间，免除了许多麻烦，也许还有巨额经济损失。有趣的是，那次会议的主题就是如何提防商业欺诈行为！

　　勤奋是好运之母。

——本杰明·富兰克林

　　我跟幸运者的交谈表明，他们比不幸者更善于凭直觉做决定。这些决定往往涉及他们在人际交往中或职场上遇到的人，有的决定跟他们的工作有关。幸运者的直觉和预感往往特别可靠、特别准确。更令人惊讶的是，他们根本不明白自己取得成功的背后原因是什么。在他们看来，这纯粹是运气使然。而实际上，这一切都是潜意识在大脑中频频活动的结果。是否善于利用直觉，与我们是否能激发内心的正能量息息相关。将直觉的正能量真正为我们所用，是生活中每一个领域都能成功的指南。

　　下面我要探讨的是，为什么幸运者似乎更善于运用直觉，这部分研究工作的最后一项内容就是揭示：人们怎样才能在生活中，做出更加幸运的决定。

准法则2：
尽一切可能增强直觉

在本章的开头，我简要介绍了自己对运气和直觉的研究。我询问了幸运者和不幸者运用直觉的频率，分析了他们在生活中的哪些领域比较倾向于凭直觉做决定。结果显示，幸运者在几个重要领域——包括经营、财务、人际关系和事业——比不幸者更经常地运用直觉。在拟订最初的问卷时，我意识到，了解人们运用直觉的频率只是解开谜团的一部分。我还想要弄清楚的是，幸运者有没有采取什么办法来增强其直觉和预感。在撰写问卷之前，我再次阅读了有关这个话题的主要普及性读物和学术报告，列出了在这些书中出现次数最多的增强直觉的技巧。这其中包括各种方法，比如抛开杂念、沉思、找一个安静的地方待着等。在研究工作的第二个阶段，我向幸运者和不幸者展示了这份清单，问他们是否经常用到这些技巧。

结果又一次让人大吃一惊。如下页图所示，运用这些技巧的幸运者远远多于不幸者。某些方面的差别非常大，例如，经常沉思的幸运者是不幸者人数的近两倍。

我与幸运者的交谈，揭示了这些技巧对其生活的巨大影响。

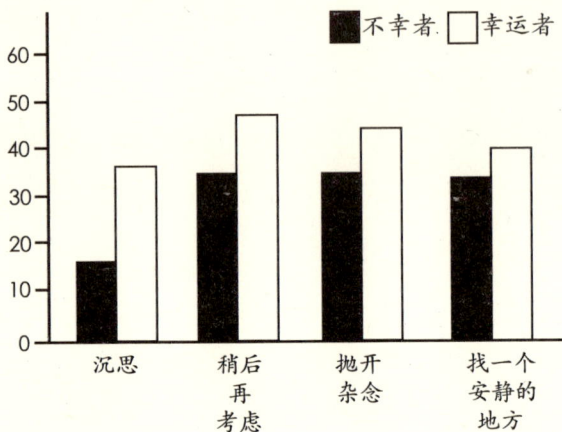

运用各种技巧在生活中增强直觉的不幸者和幸运者比例

六十四岁的南希是达拉斯的一名护士，她在生活中的许多方面都非常幸运。她在学习护理时获得过奖学金，而且总是能够幸运地找到自己喜欢的工作：

我来到达拉斯，找到了理想的工作。我自己当老板，主管一个老人福利项目。我可以自由安排时间，做自己想做的事情。我在那里干了十年。在最后两年，我问医院能否让我开办一个专门针对有学习障碍儿童的诊所，他们授权我完全自主地去做。整个医院的几千号人当中，大概只有我一个人真正可以按自己的意愿行事——当然，我必须负责任，但工作确实非常理想。

过去，南希在生活中的方方面面都不是那么幸运。事实上，她在爱情方面尤为不幸。回首往事，她认为自己以前运气不好，在相当大程度上是因为不相信自己的直觉：

　　我刚大学毕业就认识了我的丈夫。开始的时候，我根本不喜欢他，但他坚持不懈地追我，我终于心软了。跟他恋爱期间，我的直觉多次敲响警钟。直到结婚的那一天，我都认为这事儿是错误的。这桩婚姻很不好。我们在一起生活了三十七年，生了五个孩子，有许多次，我感到心灰意冷，但是都忍了下来。最后，我鼓足勇气说"你知道的，这样不行"，然后离开了他。这是一个英明的决定，我在跟孩子们的关系方面非常幸运，我和他们相处得很好。

　　离婚后，我又结交过几位男友。我的直觉再次敲响过警钟，但我仍然置之不理，结果几次恋爱都无果而终。不过，现在的情况不一样了。我真正开始琢磨自己的直觉。我当上了心理健康护理学教师，并且阅读了大量心理学书籍。现在，我比以前明智多了，我的判断和决定也准确多了。我终于吸取了教训，不该做的事情就坚决不做。我求助于直觉。我觉得自己完全知道结果，但我会进行分析和研究，也许会把它当作依据。

　　南希并不盲目地凭直觉办事，而是把它当作一种提醒：

　　直觉在许多方面增强了我的运气。当我在会议或聚会上坐在某个人旁边时，我能判断出这个人是否值得信赖。想买车的时候，我可以准确地判断哪些销售人员可信、哪些销售人员不可信。我还可以一眼发现哪些人非常难缠，于是尽量避开这些人，因为他们会耗费我的精力。

但这还不局限于我所遇到的人。有两次，我在一个停车标志前停下脚步，而通常我会径直向前走，是直觉让我停下来的——我突然在心里想"也许有车会径直从这个路口闯过去"。而那两次都有一辆车从我面前开了过去，假如我没有停下脚步，肯定正好走到路中间而被撞上。那两次，我认为是直觉救了我的命。

南希说，她运用了几个技巧来增强自己的直觉和预感：

如果警钟响了起来，我就会稍稍退后一点，认真思考一下。我有时候还会沉思。要让心静下来通常有点困难，但我会对自己说"真见鬼，我一定要做到"。不过，我确实会努力静下心来，而且常常从睡梦中寻找线索。不久前，我在收容所找了现在这份工作，从事业上讲是明智的，是退后一步。在那之前，我做了一个梦，梦见我遇到一位女士，她是一名政治顾问，我心想，她的生活可真有趣，我应当把她的生活记录下来，别人肯定会愿意看。醒来后，我还依稀记得这个梦，于是去年报名参加了一个写作班。我断定，我的直觉告诉我，在收容所工作是错误的。我心想："既然我的心思不在这儿，那为什么还要干呢？"所以我正认真考虑从收容所辞职，把更多的时间用于写作。

南希不是唯一一个运用各种技巧来增强直觉的幸运者。四十岁的乔纳森是一家国际展览公司的董事。他有过许多幸运的职场机遇，和妻子在一起幸福地生活了二十年。他在经营决策方面也有着超常的直觉：

大约两年半以前，我有一个关于这家国际展览公司的主意，那是一个全新的退休金和投资管理理念。我看出了市场有一个缺口，提出了一项建议，强烈地感到展览业务领域会需要它。我有许多主意，但觉得这个主意才是正确的。经过一番踌躇，公司最终采纳了我的建议，结果市场反应特别好。

在交谈中，乔纳森还表示，他发现沉思非常有助于增强其直觉：

我从几年前开始沉思默想，现在甚至每天都会练习一两次……每天两次，一次二十分钟……人们称之为祷告。是一个朋友教我这样做的，它吸引我的地方就在于没有教条，没有信仰，而纯粹是跟内心的自我进行互动。它的好处很多，包括提高注意力和生理机能等，但我觉得它对我的作用在于增强了我的直觉和运气。它帮助我把预感用于各种事情：如何应付某位客户和在工作方面进行决策，等等。它帮助我跟着感觉走。而且还不仅仅是工作方面的决策，它还在我生活中的其他方面给予了帮助——前不久我们差点买下一幢房子，但预感使我适时地打了退堂鼓。

三十四岁的米尔顿是圣迭戈的一名教师，他也表示，直觉在其生活中发挥了重要作用，而且他通过沉思增强了自己的直觉：

直觉唯一不好的地方就是当你不相信它的时候。它就像从我脑海里飞过的一只蝴蝶，假如你对它有点半信半疑，事情可就糟了，然后你就想："真该死，我为什么没注意呢？"你必须像逮蝴蝶一样去抓住它。我常常陷入沉思。这样做肯定是有所助益的，因为它可以让你尽情发挥想象力，去做你平常在生活中不能做的事情。它还会使你感到一身轻松。它能充实你对他人的感觉，有助于增强你的直觉和运气。

正能量练习8：你的运气概况——法则之二

该回过头来说说之前介绍过的"运气概况"了：这份问卷的第 4 项和第 5 项涉及本章所讨论的准法则。第 4 项问的是你在多大程度上相信自己的预感和直觉，第 5 项是关于你是否采取措施去努力增强自己的直觉能力。

评分：

回顾一下你对这两个项目的等级评定，然后把两个数字加起来得出一个总分（参见下面的例子），这就是你在运气的第二个法则上的得分。

陈述   **分值（1~5）**

4. 我常常相信自己的直觉和预感。

5. 我尝试过一些增强直觉的技巧，比如沉思或者待在一个安静的地方。

将在运气的第二个法则上的总得分，对照下页的级别划分，看看你的得分是属于高等、中等还是低等。请把你的得分和所属类型记入"运气日志"，因为这些在我们后面讨论增强运气的最佳方法时很重要。

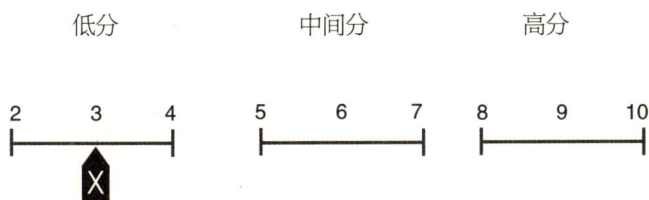

低分　　　　　中间分　　　　高分

2　　3　　4　　　5　　6　　7　　　8　　9　　10

3＝低分

　　我请一大批幸运、不幸和居中者完成过"运气概况"练习。幸运者在
这两个项目上的得分大大高于另外两类人。不幸者的得分最低（见下图）。

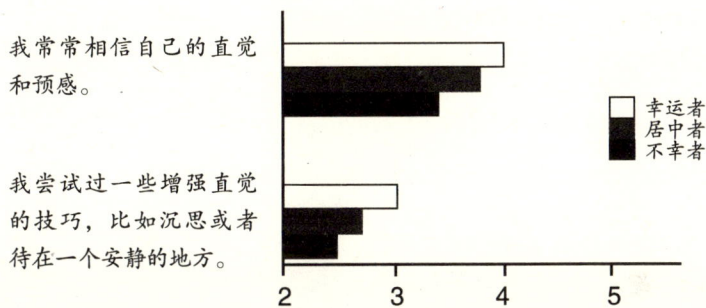

我常常相信自己的直觉
和预感。

　　　　　　　　　　　　　　　　　　　　幸运者
　　　　　　　　　　　　　　　　　　　　居中者
　　　　　　　　　　　　　　　　　　　　不幸者

我尝试过一些增强直觉
的技巧，比如沉思或者
待在一个安静的地方。

2　　　　3　　　　4　　　　5

幸运者、居中者和不幸者在"运气概况"方面的平均得分

结语
运气是可以被创造的

不幸者往往做出蹩脚的决定——他们总是信任不该信任的人，在职场上处处碰壁。与此相反，幸运者能力非凡，他们信任的总是可靠而正直的人，经营决策总是带来丰厚的利润。这些差异取决于幸运者和不幸者在做出重要决定时运用直觉的不同方式。不幸者通常不信赖自己的预感和直觉。幸运者恰恰相反。他们相信自己的直觉，把它当作一种警钟——因为它而停下来仔细思考一番。许多幸运者还积极采取措施，通过沉思或抛开杂念来增强自己的直觉能力。他们满怀信心地相信自己的灵魂之声和运用自己的直觉。于是，他们的幸运生活中充满了成功的决定。直觉力往往蕴含着惊人的正能量，无论你察觉与否，当你利用直觉行事时，这股正能量已经在你体内自行运作了。

法则之二：相信自己的幸运直觉
幸运者运用直觉和预感，做出成功的决策。

准法则：

1. 直觉具有神奇的能量。
2. 尽一切可能增强直觉。

增强你生活中的运气

下面的技巧和练习，将有助于提高你运用直觉和预感来做出成功决定的次数。认真读一读，看看你可以怎样把它们融入自己的日常生活。在第八章，我会系统地阐述如何运用这些技巧来增强你生活中的好运。

1. 相信你的预感和直觉

回想一下我对运气和直觉的调查。它揭示出，幸运者在事业、工作、财务和人际关系等方面信任自己的直觉，而他们据此做出的决定一次又一次地取得成效。你大概还记得，营销经理李因为相信了自己对一位客户的预感，而为公司赢来一大笔订单，埃莉诺对那位摩托车手的直觉使她幸免于难。不幸者恰恰相反，他们大多表示自己不按直觉行事之后懊恼不已。比如玛丽莲，她无视"灵魂之声"的竭力劝阻，结果几次婚姻和恋爱都痛苦不堪。听听自己的灵魂之声，仔细想想它要告诉你的是什么。要把它当作一种警钟，因为它而停下来认真思考一番。

推荐练习

探访洞穴中的老人

有时候，你需要做出一项决定，希望听听灵魂之声对各种可选方案的意见。一旦面临这种情况，你不妨试试下面的练习。

找一个安静的房间、一把舒服的椅子。坐下来，闭上眼睛，深呼吸几次。想象自己被一股神奇的力量带到某个偏远山区的一个洞穴口。你走进洞穴，突然觉得心旷神怡。你感到气定神闲，与外界完全隔离开来。四周一片宁静与安详，设想洞穴的一角坐着一位老人，他邀请你坐到他对面并把你的各种可选方案描述一遍，但他不想听事实与数据、利润与损失、逻辑与理由。他也不想听别人认为你应该怎么做，或者你出于责任感觉自己应当怎样做。他只希望你谈一谈你对各个方案的看法，也就是说，它们各有什么利弊。谈话是完全保密的，所以你可以畅所欲言。不要考虑自己会怎么说，说出来就行了，现在就说，要大声地把自己的真实感受告诉这位老人。现在，慢慢睁开眼睛。

你是如何评价各种可选方案的呢？你觉得哪个对、哪个错呢？这与每个方案的客观证据是否相符呢？

假如证据与你的感受一致，那你就找到了答案。假如你发现自己对某个方案感到不安，那么，即使从证据来看它是正确的，你恐怕也最好重新考虑一下。花时间认真想一想，然后再采取行动。或许你会决定不理会证据而相信自己的直觉，或许你会决定不理会直觉而相信证据。不管你怎样决定，至少你已经听到了自己的灵魂之声。

做决定，然后停一停

为了弄清自己对各种可选方案的真实看法，你不妨随意挑选一个，把自己的决定写下来。如果你拿不定主意是否结束一段恋情，不妨写封信告诉对方一切都结束了。如果你拿不定主意是否递交关于离职的报告，不妨果断地拟订一份辞呈。现在停下来。这时候你有什么感觉？你的命运就掌握在自己的手中。你真的要把那封信寄出去吗？你在内心是否觉得不对劲？是直觉还是因为你害怕变化？在关键时刻，你的灵魂之声怎么说？

2.　采取措施增强你的直觉

我对运气和直觉的调查还揭示，幸运者通过各种渠道增强自己的直觉。有的人只是简单地抛开杂念，而有的人花费时间进行比较正儿八经的沉思。有的人找一个安静的地方，或者把问题暂时搁置起来，过些日子再考虑。这些办法大多非常简单，轻而易举就能在生活中加以运用。试一试你感兴趣的办法，看看效果会怎样。

推荐练习

让沉思发挥作用

许多幸运者认为，沉思是增强直觉的最简单途径。这并不是说沉思过程让你找到直觉，而是沉思过程能让你抛开其他一切杂念。经过沉思，你的心灵才会平静和安宁，你的直觉才会处于最佳状态。

找一个安静的房间，在一把舒服的椅子上坐下来。闭上眼睛，做放松练习。一旦你觉得自己已经平静下来，在心里反复默念同一个词或句子。不管是什么词、什么句子都行，可以是一个朋友的名字、一句歌词，也可以是这本书的名称。重要的是，你必须一遍又一遍不停地重复，从而清除脑子里的其他一切念头。把注意力集中在这个词上面，别让它跑到其他问题上去。一开始，这绝非易事，但要坚持，记住：熟能生巧。随着时间的推移，你会发现自己越来越容易集中注意力和营造宁静的心态。让聚精会神的状态保持十分钟左右，然后慢慢睁开眼睛。

　　每周三次做这个简单的练习，每次大约二十分钟，看看它对你的运气有何影响。

第五章

法则之三：永远期望好运发生

原理：幸运者对未来的期望，有助于实现他们的梦想和抱负

我们每个人都有梦想和抱负。有些人想在事业上一鸣惊人，赢得六合彩，周游世界。另一些人暗下决心，想要成为一个著名作家、艺术家或电影明星。大多数人希望有人爱有人疼，许多人想找到一份称心如意的工作，每个人都想健康长寿。我的调研揭示，幸运者的梦想和抱负常能实现，不幸者则常常抱憾终生。

克莱尔的不幸是从孩提时代就开始的。

我父亲十分繁忙，母亲则常到医院看病。我便被交给祖母照顾。上学之前我得干完家务。其他孩子都在户外玩耍的时候，我得待在家里劳作，没有时间外出，我因此没有朋友。我想我的童年就这样虚度了。

我祖母对我管得很严。我认为我受到了不公的对待。

克莱尔不幸的生活是多方面的，职业不好，爱情不顺。她一直想找一份称心如意的工作，曾先后干过广告和杂志的推销，但没有一项干得既顺手又出色，没有一项干得既称心又如意。克莱尔也想得到一份真爱，能够爱得天长地久。二十岁时，她嫁给了肯，且有了两个孩子。几年之后，肯变心了，与另一个女人同居，对克莱尔则拳脚相加。后来，肯在一次跳伞中失事身亡。克莱尔有很长一段时间很难遇到一些新的朋友，不过最后还是碰到了一个叫迪克的。可惜的是迪克失业在家，克莱尔得拼命工作来养活迪克和两个孩子。三年后，迪克跟着另一个女人跑了。又经过一段孤单的生活，克莱尔遇到了唐纳德。开始两人相处得还不错，但不久唐纳德精神上就出了毛病，脾气古怪起来。两人于是只能友好分手。克莱尔又开始了孤独和不幸的生活。

与克莱尔相反，五十一岁的埃里克是个十分幸运的男人。埃里克像克莱尔那样，曾干过许多不同种类的工作，当过勤杂员、采煤工、出租司机，还在赌场当过管理员。但与克莱尔不同的是，他很喜欢自己的工作。

我喜欢我干的一切工作。我毕生喜欢的一件事是开车。我当出租司机的时候，曾给某人开过包车，车很漂亮，收入也丰厚。我还喜欢玩牌。我曾在赌场当过管理员，因此我可以用别人的钱去赌，一点风险也没有，是个理想的活儿。我好像没有干过自己不喜欢的工作。

像克莱尔一样，埃里克也想有个至爱伴侣，一个幸福的家庭。但与克莱尔不同的是，他的梦想总能实现。埃里克是在四十年前结识他的妻子的。两人可说一见钟情。结婚至今，生活一直美满，有三个孩子、七个孙儿女。埃里克享尽了天伦之乐。

儿孙满堂绝对是件乐事。我们的生活非常充实，我因此总对别人说："我是你们见到的最快乐的人。"我都不知道怎么来形容这种幸福生活，反正我的身边有着一位守护神的照料。

克莱尔和埃里克是我调研的许多人中的两个典型。虽然他们有着同样的需求和愿望，但不幸者的梦想，到头来只是一种虚无缥缈的幻想，而幸运者常能心想事成。

我的调研揭示，幸运者并非只是偶然实现了自己的梦想和抱负。不幸者的梦想和抱负实现不了也不是因为命运使然。两者之间的一个根本区别在于他们看待自己和看待生活的不同。悲观和沮丧的情绪，会抑制正能量的产生，把自己的人生状态置于糟糕的频率中，将越来越多的负能量回送给自己。而幸运的人往往乐观积极，他们就像一个正能量发射台，将更多美好的事物吸引过来，最终塑造了自己美好的人生。

准法则1：
对未来充满信心

我们憧憬未来。一些人希望健康长寿，另一些人则对前景悲观绝望。一些人希望找到一个理想伴侣，另一些人则预感婚姻会一次接一次地失败。一些人认为他们在工作岗位上能愉快胜任，另一些人则觉得工作上毫无出头之日。

让我先就你们的未来问一些问题。我们先确定从0%到100%这一抱负实现的概率范围。这里的0%表示绝不可能实现；100%表示绝对有把握实现。现在要问，你的其中一个抱负能有多少概率实现？20%？50%？70%？你下次痛痛快快过个假日的可能性有多大？我急于知道，幸运者和不幸者有何种不同的期望，那些既不认为自己幸运、也不认为自己不幸的人有何种期望。当我询问幸运者和不幸者的时候，我得到的回答令人惊讶。

我向每个人提的一些问题是他们今后遇上各种好事的机会有多大。有些问题问的是一般的好事，比如说实现了其中一个抱负。另一些问题问得则比较具体，比如下次痛痛快快过个假日的机会有多大，有没有可能一个多年不见的朋友会不期而遇。有些问题问的是他们能把握得住的事，比如说保持家庭良好的关系，另一些问题问的则大多是不在他们把握之内的事，比如有人给了他们一笔奖金让他们花之类。

正能量练习9：积极的期望

这是衡量幸运计划参加者积极期望的一份调查表。请花些时间填写这份调查表，并同幸运者、不幸者和居中者（既不认为特别幸运，也不认为特别不幸的人）做一比较。

在你新一页"运气日志"的上端，写上"积极的期望"这一标题。在该页中间画一条直线。在左边列出从 A 到 H 八个栏目。下一步，念一下调查表中的每一陈述，在右边每一栏目里注上从 0% 到 100% 之间可能的概率，以表明你今后某一时刻将会遇到此事的机会。0% 表示，你认为此事绝对不会发生；100% 表示，你认为此事绝对会发生。

你可以填写任何的百分数，这无非是说，你填写的百分数大，表示你认为此事发生的可能性大；你填写的百分数小，表示你认为此事发生的可能性小。不必在每个栏目上多费时间琢磨，尽可能实实在在地填写。

陈述　　　　　　　　　　　　　　　　　**发生概率（0~100）**

A. 有人当面对你说你很有才干

B. 你看上去比你实际年龄要年轻得多

C. 你将会度过一个愉快的假日

D. 给你一笔奖金去花

E. 起码实现平生一个抱负

F. 发展并保持良好的家庭关系

G. 外地朋友来访

H. 因工作出色而得到赞赏

评分：

把你认为的概率写在该页右边，然后将总分除以 8（下面是举例说明）

陈述	发生概率（0~100）
A. 有人当面对你说你很有才干	85
B. 你看上去比你实际年龄要年轻得多	12
C. 你将会度过一个愉快的假日	55
D. 给你一笔奖金去花	48
E. 起码实现平生一个抱负	80
F. 发展并保持良好的家庭关系	80
G. 外地朋友来访	95
H. 因工作出色而得到赞赏	75
总分	**530**
概率（总分除以 8）	**66.25**

我曾对许多人做过这一调查。

低分在 0 到 45 之间

中间分在 46 到 74 之间

高分在 75 到 100 之间

你是如何期待未来的好事的呢？

　　就如下图显示的那样，幸运者对好事的期待，远远高于不幸者对好事的期待。平均来说，幸运者认为即将度过一个愉快的假日的概率是90%，一生能起码实现一个抱负的概率是84%，有人给一笔奖金去花的概率是70%。所有这些期望值要远远高于不幸者，再有，幸运者寄予很高期望的事，并不仅仅限于这些问题。他们总是觉得极可能遇上一般的好事，也能遇上具体的好事，不管这些事是在他们的把握之内或在把握之外。实际上，幸运者对调查表中列出的每一件事，都有很高的令人惊奇的期望值。简而言之，他们对美好的未来充满信心。

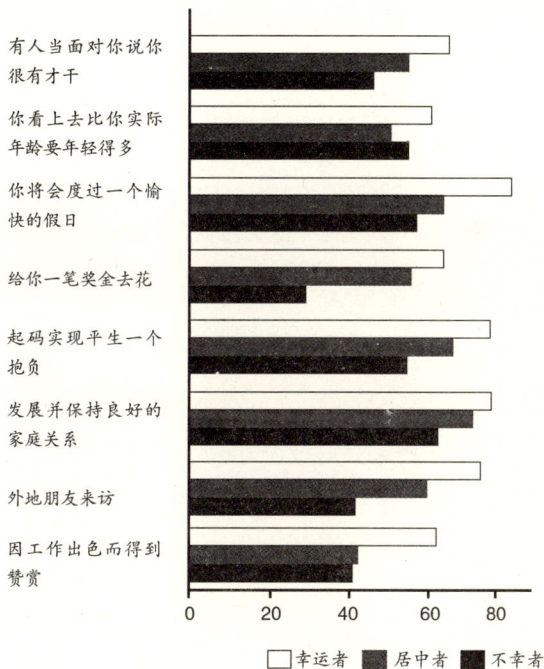

幸运者、居中者和不幸者对生活各种积极事情的期望的概率

我不但想调查幸运者和不幸者对积极的事情的期望，还想调查他们对消极事情预料的程度。因此，我询问了每个人生活中可能会碰到的各种消极的事情，诸如遭人殴打或夜夜失眠等。

参与者会再一次被问到可能会遇到的每件事的概率。我们再一次发现了各组的不同之处。但这一次是不幸者认为他们遇到此类事情的可能性要大得多。实际上，不幸者对表中所列的每一件事预料会发生的可能性要比幸运者高得多。不幸者认为自杀、失眠、选错职业和不堪重负的情况更可能发生在他们身上。

正能量练习10：消极的预料

这是衡量幸运计划参加者消极预料的一份调查表。请花些时间填写这份调查表，并同幸运者、不幸者和居中者做一比较。

在你新一页"运气日志"的上端，写上"消极的预料"这一标题。在该页中间画一条直线。在左边列出从 A 到 H 八个栏目。下一步，念一下调查表中的每一陈述，在右边每一栏目里注上从 0% 到 100% 之间可能的概率，以表明你今后某一时刻将会遇到此事的机会。0% 表示，你认为此事绝对不会发生；100% 表示，你认为此事绝对会发生。

你可以填写任何的百分数，这无非是说，你填写的百分数大，表示你认为此事发生的可能性大；你填写的百分数小，表示你认为此事发生的可能性小。不必在每个栏目上多费时间琢磨，尽可能实实在在地填写。

陈述	发生概率（0~100）
A. 今后生活不堪重负	
B. 这周内每晚失眠	
C. 认为选错了职业	
D. 有酗酒行为	
E. 心情严重压抑	
F. 有自杀念头	
G. 会遭人殴打	
H. 会得脑膜炎	

评分

把你认为的概率写在该页右边，然后总分除以8（下面是举例说明）。

陈述	发生概率（0~100）
A. 今后生活不堪重负	15
B. 这周内每晚失眠	25
C. 认为选错了职业	40
D. 有酗酒行为	2
E. 心情严重压抑	3
F. 有自杀念头	5
G. 会遭人殴打	30
H. 会得脑膜炎	5
总分	**125**

概率（总分除以 8）　　　　　　　　　　　　　　**15.625%**

我曾对许多人做过这一调查。

低分在 1 到 10 之间

中间分在 11 到 25 之间

高分在 26 到 100 之间

你对未来的消极事情做何预料呢？

这些简单的问题显示，幸运者和不幸者看待世界相当不同。幸运者深信，未来是光明美好的。而对不幸者来说，未来是暗淡无光的。

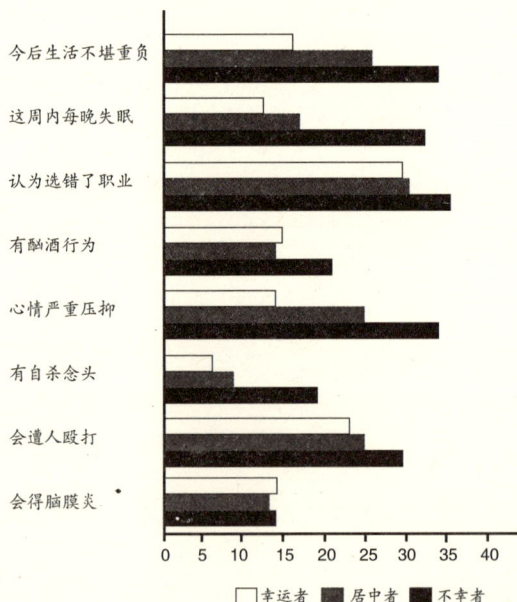

不幸者、居中者和幸运者预料可能遇到的各种消极事情的概率

我在本章开头的时候，提到了不幸的克莱尔和幸运的埃里克。像调查表中许多人那样，克莱尔和埃里克都有着同样的梦想和抱负。两人都想夫妻恩爱，工作满意。但克莱尔的梦想依旧是虚无缥缈的幻想，埃里克却没费多少周折就实现了毕生的抱负。

克莱尔和埃里克都填写了这份对未来期望的调查表。克莱尔认为她极可能遇上所有消极的事，埃里克却相当肯定地说，他会遇上种种积极的事。两人之间的想法真是天壤之别。克莱尔认为今后生活不堪重负的概率是60%，埃里克则认为这种情况绝对不会出现在他身边。埃里克认为他下一个假日肯定玩得痛快，克莱尔却认为这种概率只有10%。这种不同的预期也出现在我对他们俩的面谈之中。克莱尔像许多不幸者那样，认为她天生就是个不幸的人，她的未来命中注定，一片暗淡。她说：

我曾找过一个有超凡洞察力的巫师。她对我说，我生不逢时，属天秤座的反面。她说，星座中唯一有正反两面的就只天秤座一个。她说，我不巧出生时就属天秤座的反面。我于是认为，我不管做什么事总会出错。每次选六合彩的时候，我都认为赢不了。之前我写了两本书，现在仍然继续创作。我想先要找到一个出版商，但又觉得希望不大。

与此相反，埃里克对未来充满希望：

我做什么事都认为会有一个好的结果。我深信事事顺遂。我肯定不会有什么绊手绊脚的事，即使有，坏事也会变成好事，我因此总是乐乐呵呵的。有些人好运就在手边还茫然不知。他们一打开窗户，就只会说："糟糕，又是一个雨天。"而我碰到雨天，会立刻想到"太好了，我的花儿明天就会开了"。

幸运者和不幸者对未来的期待真有天壤之别。这些不同的期望，足以说明为什么一些人不费超乎想象的力量就能实现梦想，而另一些人很难实现他们的所想之事。在我解释这些不同的期待会对他们的生活产生何种显著影响之前，大家首先要明白幸运者和不幸者为什么会对未来的生活有不同的想法。

设想这么一件事。几星期前你申请一份梦想中的工作，最近你收到一封请你去面试的信。看过信后，你会花些时间寻思可能会给你什么样的工作。你可能会琢磨，会不会问一些你已预料到的问题，会不会得到一份称心如意的工作，面试会不会顺利地进行。你极可能会发现，这些问题不难回答。你对面试也可能早已胸有成竹，具备应付工作的技能，且能很好地展现这一技能。

其他一些会影响你得到这份工作的因素则很难预料。你可能因为无法预料也无法避开的耽搁而不能准时前去面试。你可能因为一场突如其来的暴雨而浑身湿透地走进面试的场所。你可能走进面试场所时给人的第一印象就不好，心慌之际让翻卷的地毯绊了一跤。这些事你是无法预料的，这些事也可能发生，也可能不会发生。

现在再来设想一下，如果你特别幸运或特别不幸的话，世界在你眼里将会是个什么样子。如果你幸运的话，所有这些无法预料的事都会朝着有利于你的方向发展。你会准时到达面试场所，太阳会驱散阴雨，重新出现在天空，屋子里的地毯也平整舒展，不会成为障碍。如果你倒霉的话，每件事情都会与你作对。你会迟到，天空会乌云密布，地毯一角会翻转过来让你跌倒。实际上，这些看似不可预料的消极后果，在生活里带有某种必然性。

这就是幸运者和不幸者对未来的期待有如此不同的原因之一。幸运者深信，此类无法预料也无法把握的事，总会朝着有利于他们的方向发展并最终得到解决。不幸者则相反：事情不管能否把握，总是朝着不利于他们的方向发展。这就像我们在第一章看到的那样，好事影响人们生活的方方面面。人们的运气好坏并不只限于前去工作面试的时候。好运有助于人们的身体健康，有助于人们的职业生涯，有助于人们的经济状况。好运者深信阳光总是照耀着他们，不幸者则总有一种不祥的感觉：头上一片乌云。

还有一个原因说明为什么幸运者和不幸者对未来的期待有如此不同。大多数人都从以往的经历来预测未来。如果你过去身体很健康，你就很可能期待今后也很健康。如果你在过去的工作面试中表现出色，你很可能预计将来面试时也会表现出色。幸运者和不幸者在这一点上是完全一样的。幸运者认为，如果他们乘坐的飞机过去能准时抵达的话，那么将来也肯定能准时抵达。不幸者认为，如果他们过去面试失败的话，那么将来进行面试也很难成功。但是如果不幸者碰上大好事，幸运者碰上倒霉事的话，情况又会怎样呢？这是否肯定会使他们对未来的期望不会有那么大的差别呢？

事实上情况并非如此。**幸运者把生活中的不幸看成过眼烟云，稍纵即逝。他们对此不屑一顾，弃之一边，不让它影响自己对未来的期望。不幸者认为生活中的任何好运都不会久留，倒霉的事会接踵而来。**先前，我们见过不幸的克莱尔。她婚姻生活很不美满，也找不到一份称心如意的工作。我曾问过她，生活中的某些好事对她的未来会产生什么影响。她说：

我还真的这么认为，即使遇上了好事，坏事也会跟着到来。身边出现了好事我都不敢相信，因为遇到的不幸太多了。我想，如果我中了六合彩，赢得了不少的钱，我也会觉得早晚得让别人拿走，或者根本不信我会赢那么多的钱。

总之不信会有钱。这是因为你总是生活在不幸之中，有了好运也觉得不可思议。你就不可能碰上好运。

这是我与不幸者面谈时经常冒出来的观点。另一个不幸者说：

情况似乎就是如此：如果我生活的状况显得十分正常，某个人就跳出来，在我身上踩上一只脚，说"这怎么可能呢？她日子也过得太顺心了"，于是正常的状况又给倒了过来。如果我开始享受生活，另一种力量又会把我推回去。我总是纳闷，到底出了什么事？怎么就不会时来运转呢？

不幸者深信，遇到的好事很快就会消逝，他们的未来仍将凄凉悲惨。幸运者则把不幸的事看成是短暂的。他们因此能保持对美好未来的期望。

这些不同寻常的极端的期待，对人们的生活会有什么影响呢？我们有什么样的期望，我们的思考、感受和行动的方式就受什么样的影响。它们能影响我们的健康，影响我们的待人接物，影响别人对我们的看法。我的调查揭示，幸运者和不幸者对未来的特殊期望，会对他们的生活产生巨大影响。幸运者对未来与众不同的思考方式，使他们比其他人更能实现自己的梦想和抱负。同样，不幸者对未来不祥的期待，使他们根本无法做成想要做成的事。

归结起来，可以这么说，他们对未来的期待会产生一种力量，期待什么就会出现什么。我们把这称为预示的自我实现。

设想一下，你因为搬到一个新的社区，发现很难同人交往，你会情绪低落。你就决定去找一个当地的占卜师，让他算算你今后的生话。这也算是自我安慰吧。占卜师接过钱，注视了一会儿手中的水晶球，就笑着告诉你将有好运来临。他说，不出几个月，你周围就会有一批亲密的忠实朋友。占卜师给你吃了一颗定心丸，使你来时心中的阴霾一扫而尽。因为你现在心情舒畅，对未来也有了信心，因此你就比以前开朗多了，出门也多了，同人交谈的次数也多了。总之，你现在的做法使你有机会结交许多朋友。几星期后，你发现周围真的有了一批亲密忠实的朋友，你因此经常向别人推荐那个占卜师。事实上，那个占卜师可能根本就无法预知未来，但他确实在帮助创造这个你所希望的未来。他的话对你期望的社交生活产生了影响，这种影响进而使你按着希望的方向行动，从而使这种期望变成了现实。你怎么看待未来，未来就会像你预示的那样自我实现。当你专注于内心的期待上，比如美好的人或事物，就会激活内在的正能量，将这一切召唤进你的生命中。

调查显示，这种预示的自我实现会影响我们生活的许多方面。心理学家做过一个著名的实验。他们告诉美国高级中学的一些老师，说他们班上的某些学生属于"开窍较晚"的人，说这些学生前途无量。实际上，这些学生并无特殊之处。他们是随意挑选出来的。这些进行调查的心理学家接着检查：在以后的几个月中，脑子里装着这一期待的老师的行为对这些学生的影响。老师在不知不觉地鼓励和称赞这些学生，还允许他们在课堂上问一些额外的问题。结果，这些随意挑选出来的"开窍较晚"的学生学业大有长进，智力测试得分也高于别人。老师的期待转化成行动，使这种期待变成了现实。

期待的力量

我们对未来的期待，影响到我们思想和行为的方方面面。扫一眼下面的句子：

PARIS

IN THE

THE SPRINGTIME

许多人把这句话念成"Paris in the springtime"（春天的巴黎）。但如果你再仔细看一下，就会发现，这句话是"Paris in the the springtime"。不过我们一般不会想到句子中一个 the 的后面还会跟着一个 the。所以我们只是按预想的来念，而不是按实际情况来念。

另一个有意思的实验显示，人们的期待甚至能影响其做出反应的时间。随意挑选一些人，把他们分成两组。对第一组人的要求是一见灯亮就按手边的开关，越快越好。另一组人充当必须迅速做出反应的战斗机驾驶员。任务与第一组的相同，就是说，灯一亮就按炮钮。结果你会十分惊讶地发现，第二组人的反应要比第一组人的反应快得多。他们期望自己能即时按下炮钮，他们的这种期望就影响了他们的行为。同样，幸运者希望将来的日子能过得很好，这种期待就能在他们今后的岁月中发挥作用，促使其成功。

预示的自我实现不只影响孩子在学校的成绩，它还影响我们的身体健康，影响我们在工作岗位上的表现、我们的待人接物、别人对我们的看法。实际上，这种自我实现的预示在大部分时间里影响着我们生活的方方面面。我的工作揭示出这样一个事实，即幸运者和不幸者对未来大相径庭的期待，都会使自己的预示自我实现。我的工作进而说明为什么幸运者常能梦想成真，而不幸者常常梦想落空。

准法则2：
机会渺茫也绝不放弃

预示的自我实现影响着幸运者和不幸者的生活，影响的方式多种多样。我们来讨论一种最直接的方式。在上一节里，我说到不幸者深信自己的生活只有失败和凄惨的问题。他们肯定自己通不过考试，找不到满意的工作。更为糟糕的是，他们认为自己无力阻挡厄运的到来。他们就是认为自己是不幸的人，而不幸的人只能交上厄运。这些想法使他们很快失去希望，放弃一切努力。

这一观点可用一个简单的例子说明。本书前面提到幸运的比赛优胜者林恩、乔和温迪。三人都获得了丰厚的奖赏，三人都说之所以如此幸运是因为他们参加了许许多多的比赛。乔说得好："我们就是奔着赢得比赛来的。"许多不幸者认为自己根本没有赢得胜利的命。露西，一个自认为不幸的二十三岁的学生，就这么告诉我说：

从我记事起，我参加比赛就从未赢过。七岁的时候，我参加了小学的一个竞赛，妈妈为我回答了其中最难的试题，宣布比赛结果名单的时候，叫到了我的名字。但我并没参加这个比赛，是我母亲参加的，这就是我的看法。胜者是母亲，不是我。从那之后，任何竞赛我都没有拿过名次，于是就更抵触参加竞赛。

显然，不幸者对比赛的期待很容易使自己的预示自我实现。不参加比赛，他们就丧失了许多赢的机会，这种态度又会影响他们生活的许多方面。结果，由于缺乏改变生活的动力，他们就对未来不寄予过高期望，于是，现实的生活便变得凄惨起来。

一个不幸学生的考试成绩有着一连串失败的记录。她在谈到几个月后将要进行的一些考试时信心不足：

我估计不会考好。我现在是毫无头绪，脑子里老是转着"能考好才怪呢"的念头。我过去就不愿参加考试，因为觉得考也是白考。我甚至都不复习功课，因为我想复习了也没用。

另一个不幸的人谈到他从没找到一份工作的事。我让他讲讲对未来的期望。他说：

我知道我永远不会找到工作，因此再也不试着去找了。我过去经常看报，看看是否有什么招聘广告。但现在我想，这有什么用。我不可能找到合适的工作。即使找到了，也保不住会出什么差错。就这么回事。我运气不好，就这副倒霉样。

这些话深刻地反映出不幸者是如何给自己的生活制造了那么多不幸的。如果他们不去参加考试，他们肯定没有胜出的机会。如果他们不去找工作，他们就只能失业。如果他们对约会也不上心，他们肯定就难以找到伙伴。这些同样显示了预示自我实现的力量。不幸者总不相信自己能够成功，他们就不会努力去实现自己的目标，这种无所进取的做法进而就成了他们生活的现实。

我在调研的某个阶段，曾搞过一个简单的实验，检查幸运者和不幸者对未来的期望在多大程度上影响着他们在实现目标方面所做的努力。我给幸运者和不幸者两个同样的智力玩具。每个玩具由两块锁住的金属片组成。我告诉他们，其中一个智力玩具的两块金属片是能解开的，另一个玩具的两块金属片是解不开的。但我没有告诉他们哪个能解开。我接着又说，我已经事先掷硬币决定让他们去解哪个智力玩具。接下来，我就一组给一个智力玩具。其实每个人拿到的都是一样的东西。我只要他们看一下玩具，然后让他们告诉我能不能解开。答案引人注目。百分之六十多的不幸者说，无法打开，而幸运者中只有百分之三十的人说打不开。这就像在许多领域那样，不幸者还没开始就已放弃了。

我同样非常想知道幸运者的期望是如何影响他们的行为的。我原先认为有这么一种可能，即一些幸运者认为能通过工作面试，由于过分自信，可能不会去做充分的准备。但有意思的是没有发现此类情况。幸运者对未来充满信心，但这并不会使他们心存侥幸，不做努力，恰好相反，他们对未来积极的期望促使他们去把握生活。他们力图实现想要实现的一切，即使成功的概率很低也不放弃努力。

我的职业生涯多次出现最为幸运的突破，其中一次突破就是这一简单的观念支撑的结果。我在学术界从事第一份工作不久，就收到一封电子邮件。它从此改变了我的生活。英国多数大学的学者几乎都收到了这一封电子邮件。它是由一群电视制片人和新闻工作者发出的。他们为了弘扬科学，准备组织一次大型的科学实验。主办单位是英国广播公司（BBC）电视台和《每日电讯报》，观众可达一千八百万。他们要求学者提供各种实验的方案，以便从中挑选。我立即想到做一个测谎的实验。我迅速写下了一些要点，就是让电视观众观看一部讲述某人说谎或讲真话的短片。然后让观众打电话告诉我们此人是否诚实。我还想到在报纸上刊登这个电视短片的脚本，让报纸的读者也参与进来。但我又想，数千位学者都在提供各种建议，我的方案很难脱颖而出，因此方案没有立即寄出。但过后又想，不入虎穴，焉得虎子，于是决定把我的建议通过电子邮件发送出去。几星期后，我高兴地得悉，我的实验方案被选中了。

我的实验方案既在 BBC 电视节目里播映，又在《每日电讯报》上刊登。数千观众和读者做了回答，对我来说这是巨大的成功。最后，我在一家名气很大的科学杂志上公布了结果，我还一次又一次地被邀请去帮助设计和进行大型的实验活动：所有这些成就的取得，就是因为我把最初的想法提供了出来，尽管当时也曾想过成功的希望不是很大。

　　　　幸运就是为机会做好准备。

　　　　　　　　　　　　　——奥普拉（世界最知名的脱口秀主持人）

幸运、自我实现的预言及健康

　　预示的自我实现对幸运者和不幸者的其他重要生活领域来说也有重大的影响，就是说，对他们的身体健康也有重大影响。本章前面所做的调查显示，不幸者总是预感会患上诸多疾病，劳累过度、严重失眠、经常酗酒。更为糟糕的是，他们总是觉得无力改变现状。他们天生不幸，他们认为不幸者命中注定身体有病，事业无成。与此相反，幸运者所期待的是一个健康的身体、一种美好的生活。他们对健康的期待，就像对其他方面的期待那样，希望自己是个幸运儿。

　　大量的调研显示，对未来不同类型的期待，会对人们的身心事业产生重大影响。不幸者不愿参加考试是因为他们认为考也不会考好；不想去找工作是因为他们认为找也是白找。同样，一些深信有病的人，认为要想身体健康等于白日做梦。他们不想戒烟，不想锻炼，不想节食。他们既不做预防性的保健，等到有病也不想看医生。他们认为自己命中注定是个病秧子，做什么都是徒劳无益。那些对未来充满期待的人，又是怎么一种情况呢？当然，这里不排除他们过高的期望可能会促使他们采取一些危险的行动。有这种可能：他们过于相信自己不会得癌症，因此并不急于戒烟；他们非常自信不会染上性病，因此在过性生活的时候也不采取保护措施。**调查告诉我们，真理过了头就成了谬误。对未来充满积极期待的人总会采取措施，以保证一个健康的生活方式。他们加强锻炼，节制饮食，采取必要的防护措施，听取医生的忠告。**

　　对这些信念和行为所产生的影响千万不要小看。芬兰的调研工作者把两千个男人分成三组。一个是把未来看得一片暗淡的"消极组"，一个是对未来充满期望的"积极组"，还有一个是对未来既不积极也不消极的"中间组"。然后，他们对这三组人员进行长达六年的跟踪观察；结果发现，"消极组"的人比起"中间组"的人，更易死于癌症、心血管病以及其他事故。而"积极组"的死亡率则远远低于其他两个组。

　　在第三章里，我们看到不幸者比居中者和幸运者更显得忧心忡忡。这种不同也会导致预示的自我实现，它进而会对幸运者和不幸者的身心健康产生重大影响。调查表明，忧心忡忡的人最易出事，不管是在家里，还是在工作单位，都是如此。忧心忡忡的人老是想着他们所干的事，老是忧虑自己成堆的问题，很少顾及周围的世界。这样，不幸者老是出事就不足为奇了。还有，另一些调研工作还揭示，这种忧虑还有损身体的免疫系统，减弱对疾病的抵抗能力。**总之，不幸者对未来的期待只能使他们产生忧虑，这种忧虑又使他们更易出事，更易得病，幸运者与之相反。他们过得轻松自如，因此出事也少，也不会因为忧虑而得病。**

　　许多不幸者因为自己的悲观信念，会在生活的某个时候显得特别忧心忡忡。最近，《美国医疗杂志》的一篇文章说，华裔和日裔美国人每个月的第四天死于心脏病的概率高出平均数的7%。白种美国人就没有这么高的死亡率。由于中国人和日本人把"四"看成一个不吉利的数字，调研工作者因此得出结论，心脏病死亡率的增加同心理压力有关。他们专门举出阿瑟·柯南道尔的《巴斯克维尔猎犬》中查尔斯·巴斯克维尔的例子。他就是因为心理上的极度紧张而导致致命的心脏病复发，最后死去。

我并不是说，幸运者和不幸者的身心健康状况完全是由他们对生活的态度决定的。有些疾病与我们的信念和行为并无关系。但不管怎么说，人们预期未来生活的好坏都有可能对他们健康的许多方面产生异常重大的影响。

通常，幸运者因为对未来充满希望，即使身处逆境，也常能不懈地追求。我们在本章开始时谈到了埃里克。埃里克实现了他许多人生的目标，包括有一个相爱的伴侣、一个相亲的家庭、满意的工作。他非常重视实现抱负的重要性，他解释说：

你采取什么态度，就会有什么运气和结果。如果你只是坐在家里，无所事事，就只能一事无成。但如果你采取行动，好运就会来到你的身边。我坚信我是幸运的，即使某个时候事情不很顺手，我也认为这是暂时现象，一切都会好转的。只要你坚持不懈……只要你找出问题所在，设法解决，你就会好运当头，渡过难关。

许多接受询问的幸运者也都持同样观点。三十三岁的私人侦探马文就是其中一个。他的生活非常美好，即使有时命运与其作对，他也必定设法实现自己的抱负。马文认为他之所以幸运，是因为对未来充满希望，他强调说，重要的是要做出努力来实现他为生活所设定的种种目标。

我就知道，没有过不去的坎儿。我就知道能赢得六合彩。我可能赢不到一千万英镑，但我知道能得到一些有意义的东西。你首先得试着去做。你连彩票都不买，怎么有可能赢呢？生活中的事都是同样道理。如果你对希望充满渴求，希望就会到来。这是一种心态。我的父母在这一点上对我影响很大。他们就这么教育我：如果你自信，态度积极，就能做你想做的一切。

马文坚持不懈的努力并没白费。尽管他在学校没有通过木工考试，他还是去了一家大型造船厂申请一份木工工作。他全力以赴，满怀希望地去进行面试。面试者被他的满腔热忱所感染，录用了他。后来，他又想当一名私人侦探。他既没这方面的正规训练，也没这方面的工作经验，但他还是给他所在地区的所有私人侦探所写信申请这份工作。不过没有一家公司给予答复。马文可不是那种容易泄气的人。正好相反，他干脆换上一套最好的西装，前往当地最大的一家私人侦探公司。马文进去的时候，公司的一把手正好在大厅里。两人于是聊了起来。公司的头头很是欣赏马文，就让他进了公司。几小时后，马文就拿到了带有公司名称的一套办公用品和公司名片，当然，还有他梦寐以求的工作。

我做过一项实验，是让幸运者和不幸者解开一个复杂的智力玩具，以此检查他们为解开这一智力玩具能坚持多久。这是我测试人们运气的电视节目中的一部分。我把幸运者和不幸者一个一个地请到我的实验室来，给他们看电视公司专门为这一实验设计的复杂的智力游戏。这是由一堆各种形状的块组合成的一个立方体。我告诉他们，他们一离开实验室，我就把这个立方体拆散，然后让参试者一个一个地进来，把这些散开的不同形状的块重新组合成一个立方体，时间不限。但有一点我没告诉他们，这实际上是不太可能解决的问题。我想了解的是他们能坚持多久才放弃这一尝试。

参加这一测试的有三个幸运者、三个不幸者。我在前面第三章里提到过其中的两个人——马丁和布伦达——因为他们曾参加过我做的另一项实验，就是想了解一下幸运者和不幸者的个性，是如何影响他们创造和注意某些看似偶然的机会的。在上次实验中，幸运的百万富翁——赢得六合彩的马丁发现我们有意放在路边的一张五英镑的钞票，还在一家咖啡馆里同一位成功的商人交谈了一通。但他这次怎么来解开这个智力玩具呢，我们不得而知。布伦达则没有注意到路边有一张五镑的钞票，也没同咖啡馆的任何人交谈过。那么他又会如何来解开这个玩具游戏呢？同马丁和布伦达一起参加这一实验的还有另外四个人。不幸的克雷格屡屡出事，人人皆知，每次度假，都会碰上一些倒霉的事。迷人的舞蹈家萨姆在爱情方面屡屡受挫，她同许多男人约会过，至今还没找到一个意中人。幸运的伯纳德是个职业登山运动员，差点葬身雪崩，结果还是幸免于难，他登过世界各地的高山。幸运的彼得则在"找球"比赛中两次获得大奖，捞了不少钱。

我在闭路电视里看着每个人设法拼上这一智力玩具。先是赢得六合彩的马丁。因为他是个幸运者，我就期待他能坚持较长一段时间。只见他走进实验室，数了数有多少块，认为里面缺了一块，于是就说，这是无法拼成立方体的。马丁可能不善于这种拼凑游戏，因为数错了块，就得出了不可能的结论。这使我的理论一开始就受到了质疑，不是个好兆头。幸好其他人的做法肯定了我预期的结果。不幸的克雷格、萨姆和布伦达只拼凑了不到二十分钟就放弃了，而幸运的伯纳德和彼得则坚持了较长的时间。已经过了半个小时，两人还都不想放弃。我于是走进实验室，问他们是否想放弃。两人都说再给他们一些时间。最后，我让他们先停下来，问他们还想要多少时间来解决这个问题。两个人都说，一定要拼凑成功再歇手，不管这要花多少时间。

我的调研显示，幸运者和不幸者能否达到他们的许多抱负和目标，同他们对未来的期待有着密切关系。不幸者认为事情很难成功，因此往往还没开始就已放弃，或开始不久遇到困难也就半途而废。幸运者期待事情有个好的结果，因此老是想着如何达到目的，即使成功希望不大也要努力，常常能坚持下去。两者的差别便带来了他们生活中明显的幸运和不幸两种结果。因为有这种差别，在比赛中有的人就得胜，有的人就失利；重要的考试中有的人就能通过，有的人就会失败；寻找伴侣时有的人就找到了真心伴侣，有的人就遇不上至爱配偶。其实，我们的生命经验掌握在自己手里，一切都可以选择，能否激活幸运的正能量，完全在于我们自己。真正幸运的人，会懂得坚持，并对未来永远抱有期待，他们明白困难之所以会发生，只不过是在激励他们去创造更好的生命版本。

准法则3：
善于经营人脉圈子

迄今为止，我讲到了幸运者和不幸者对未来截然相反的期待，是如何影响到他们的思想、情感和行为的；讲到幸运者比不幸者更能试着实现他们的目标，即使面对失败也能较为长久地坚持下去。完成这一立方体智力游戏的最后一部分是预言和自我实现，这能解释为什么幸运者常常能实现他们生活中的目标，而不幸者则没有这种可能。所有这一切都同他们与人交往的方式、别人如何同他们来往有关。

我们只要用一个简单的例子就能说明这一基本观念。我们这样设想一下，你按照一个介绍人的安排去同异性初次约会。你答应同一个朋友的朋友在一家餐馆见面。你不知道见到的是什么样的人，不过你的朋友告诉你说，这位前来约会的人讨人喜欢，为人友善，心直口快。咱们可以分析一下，这一介绍会对你的行为产生什么影响。

设想一下你进了那家餐馆，找到约定的那张桌子，坐到了约会者的对面。一些事情便很快发生了，速度之快都令你惊讶。首先，因为你来之前就听朋友说约会者为人友善，因此你就很放松，且面带笑容。其次，你的约会者看到你面带笑容，无疑就会认为你很高兴与之相见。第三，因为你十分热情，对方也会热情相待。第四，因为你的约会者对你十分热情，便也会以笑相报。第五，你看到他的笑容，就会更加深信朋友所说的对方为人友善的印象。所有这些都是在两人相见的几秒内完成的，其实两人都没有想到这些，甚至在这之前都还没有开口说话。

　　这个简单的例子说明，我们的期望影响到了我们同别人的交往，并使自己的期望成为现实。你期待的是一个待人友好的约会者，因此你便面带笑容，对方也便报之以微笑，两人于是就友好相处了。反之，你也很容易地想到另一种情况。设想一下，如果你被告知，与你约会的人待人冷漠。如果这样的话，你就可能对这个约会不寄予过高期望，你在见到约会者的时候也不会面带笑容。结果对方也不会报之以微笑，于是你进一步加深了对方冷漠的印象。这是个很厉害的观念。我们对别人的印象影响着我们与之进行的交往，也影响着对方对你做出的反应。我们不仅仅停留在对别人的印象上，我们的印象实际上能使别人佐证他们的印象，这就预示期望的自我实现，远远超出我们初次同人见面时笑与不笑的界限了。

　　咱们再来分析一下你初次约会的其他细节。微笑过后，两人就开始交谈。你从介绍人那里知道约会者心直口快，性格外向。这一印象于是又影响到你同对方的谈话。你可能会问对方最近参加过什么聚会，或者是否喜欢同人聊天。听到这类问题，对方就会谈论聚会和与人聊天的事，而不谈自己喜欢看书和喜欢独处的事。这又一次说明，你期待些什么，对方就按你所期待的行动，这就进一步加深了你原有的印象。

　　这一观念既适用于幸运者同人的交往，也适用于不幸者同人的交往。**幸运者期待遇见一些趣味盎然、性格开朗、谈笑风生的人。不幸者则与此相反。他们认为只能遇到一些比他们还潦倒、伤心和乏味的人。而这**

截然相反的期待反过来影响着别人对你的反应。这对幸运者和不幸者的个人生活和职业生涯幸福与否、成功与否都会产生长期的巨大影响。

在工作单位，幸运者希望周围的人效率卓著，竞争力强；同他们相处有助于成功，能从中获益。与之相反，不幸者不指望他的同事或客户富有竞争力，也不指望同他们的交往会特别成功。调研显示，这两种不同的期待对生意的影响确实很大。

我们做过这样一次调查：让进行面试的人先看一堆申请工作的人填写的申请表，并按好坏分类，使他对申请人事先就有了一个印象，然后再进行面试。我们则把他对每位申请工作者进行面试的情况拍下来。进行面试的人如果对申请人的印象好，两人就谈得很好，应对也很积极，心情也很愉快。如果他面试的是一个条件稍差的人，他在不知不觉中就显得不那么热情，应对也不那么积极，于是就有一种不很满意的感觉。这截然不同的态度也影响了申请者的行为。积极应对的申请者能同面试者建立一种融洽的关系，还能笑声不断，就此给面试者留下了良好的印象。总之，面试者的印象影响到了工作申请者的行为。正面的印象能把对方看成一朵花，消极的印象则让人越看对方越觉得别扭。

调查研究一次又一次地表明，经理人员对员工的期望在很大程度上影响着他们的工作效率。经理人员对下属期望高，就会促使他们积极工作；如果对某些人印象不佳，这些人就沮丧，工作起来会劲头不足。不同的职业，不管是人寿保险业还是电讯业；不同的管理层次，不管是首席执行官，还是中下层管理人员，都会遇到这种情况。在整个工商业界，人们的印象和期待都会使预示自我实现。

　　认定自己幸运的人是最幸运的。

——德国谚语

　　这种种预示的自我实现，所产生的效果并不只局限于工商业界。在另一个调查研究中，我们让一些男人同某个女人进行十分钟的电话交谈。在这之前，我们让他们看这个女人两张照片中的一张，说这就是他们要与之交谈的女人。一张照片把这女人照得十分妩媚，另一张则显得毫无吸引力。实际上这些男人与之交谈的都是同一个女人。但那些认为是在同一个妩媚女人打电话的男人说起话来就眉飞色舞，务必给对方留下一个很好交往的印象；而那些认为是同一个不那么可人心意的女人通话的男人，说起话来就有些三心二意了。不仅如此，他们通话时交谈的语气都影响到了对方的反应。调研者后来把女方同其他人的谈话只放了一半，就让他们谈谈这个女人有多少吸引人的地方。这些人听了之后，有的认为她很招男人喜欢，就因为同她通话的男人也认为她很妩媚的缘故；有的就认为她没有什么魅力，就因为与她通话的男人也认为她不那么吸引人的缘故。这些男人看过照片后的印象，使他们打起电话来也按这一印象行事，结果，电话另一端的女人也就这么行事，男人便觉得自己的印象得到了印证。

　　这一实验中，男人的印象导致了他对电话另一端女人谈话的方式，女人则做了相应的回报。同样，不幸者和幸运者截然相反的期待，也极大地影响着他们与人截然不同的交往。

就拿北加利福尼亚的吉尔来说吧。吉尔二十三岁，失业在家。她遇到的倒霉事可说不少，不过最不幸的是她的工作面试。她说：

我的运气总是不好。我想找一份说得过去的工作，来维持生活，并能通过努力获得晋升。但当时的经济状况非常糟糕，大学毕业一年了，还没有人肯雇用我。过去一年中，我确实在拼命地找工作。我自认能成为某家公司一份很有价值的财产。我自认聪明伶俐，主意很多，人际交往也有一套。我参加了大约二十五次工作面试，包括商品推销、市场营销和品牌公关等工作，但没有一次成功。这使我感到真是无法改变命运，只能认命了。因为不管你做何努力，都是白费。我开始觉得自己真是不幸，觉得再也没有可能找到一份工作了。这么一来，就影响了我面试时的情绪。我会这么想：我干吗来进行这场面试？别人又不会雇用我，来了有什么用？接下来我又觉得一定得比前面应试的那个人下更大的功夫，结果就显得特别紧张。不用说，谁都能看出我紧张的神色。面试的时候，回答问题老是答不到点上，本来很好应答的问题，一紧张就全忘了该如何回答了。

幸运者正好相反。许多幸运者都谈到他们因为对未来充满希望，而使他们在许多方面都取得了可观的成就。就拿李的例子来说吧。我这本书中多次谈到李生活中的好运。他多次躲过事故，还萍水相逢找到了现在的这位妻子。但他作为一个销售经理，所取得的成功尤其突出，并因此多次得到奖赏。在前一章里，我谈到他把成功归结为自己的直觉起了作用，但这并没说透。他还积极运用他所说的"梦想成真"的手段设想自己高度企盼的未来：

如果我想实现某事，我就先闭着眼像做梦那样好好地想一遍。我过去在商品推销的竞争中常常这么做。我做梦那样想着我会取胜，并因此得到一笔奖金。晚上躺在床上就这么想着：这可能要过六个月才会有结果。我在打电话之前就计划着要说些什么。我坐下来，直视客户，以便交谈起来他能做出积极反应。不管认识不认识此人，我依旧把他或她想成一个能相互沟通的人。我在许多培训班上都谈到了"梦想成真"的手段。许多人听了就哈哈大笑，认为我异想天开。但我一旦把这付诸实践，销售数字就会飞速上升，所以我依旧这么去做。反响是那么良好，成绩又那么突出，我肯定这里面一定有些什么奥妙。

李的"梦想成真"使他在同别人交往时，心中充满积极的期望。这些期望常常使预言自我实现，他也因此实现了自己的目标，自己的抱负。

幸运者还说，他们希望在生活中遇到一些趣味盎然、谈笑风生、能够吸引他们的人，并希望能与这些人友好交往。这些期待很容易使预示自我实现。这方面最不同寻常的，也最有说服力的例子可能是安德烈亚的故事。安德烈亚二十五岁，是加利福尼亚州纳帕的一名行政官员。她在一次接受采访中谈到了她那迷人的生活。

　　也不知为什么，好事总会来到我的身边。我知道我到哪儿，自己就能在哪儿找到一份工作，找到一个居住的地方，这一点真有意思。这就使我既有信心也有能力到各处走走。因为我每到一处，就能找到一份工作。从我十六岁找到第一份工作起，我只要走进一家公司，就会立即被雇用。

　　我之所以那么幸运，是因为我热爱生活。我十五岁时就与人约会。我长得不错，不是那种让人见了就烦的女人，不过我还能想法接触一些按说是接触不到的男人。我的做法就是坐下来同他们交谈。他们可能不是我生活圈子里的男人，但我就是坐下来，很快同他交谈起来。有些男人相当风趣，体魄健硕，趣味盎然，精力充沛，被公认为是这个城市的精英，我也能与之约会。我刚订婚，未婚夫简直是件完美的奖品。

　　安德烈亚显然有一种魔力，能迅速地同她所见到的人形成牢固而积极的关系。我曾问过她，同别人相见时有过什么样的期待。她像许多幸运者那样，告诉我说，她希望遇到的人开朗、友好、体谅他人。但也有不一样的地方，她之所以有这样的期待，原因相当特殊。她说：

　　我七岁的时候，母亲去世了。你一定认为这对一个小女孩来说是最糟糕的事。我有很长一段时间也是那么想的。但现在我回过头来想想母亲去世时的情景，她的死竟给我带来了奇特的福祉。老师都觉得要不断关爱我，因此他们常利用业余时间帮助我。周围的成年人对我都非常亲切，也很尊重我的意愿。这是我同成人来往的第一个印象，我的生活也就丰富多彩起来。我希望人们和蔼可亲，乐于助人。我想这是因为我遇到的都是些好人，起码在开始的时候是那样。

幼年丧母的不幸反而使安德烈亚有了同成年人积极交往的机会。这一经历导致她成年之后总期待着能遇到一些最好的人。这又使那些同她接触的人也做出了积极的回应。幸运者的期待能使预示自我实现，帮助他们实现抱负和梦想，安德烈亚是个十分突出的例子。

正能量练习11：你的好运形象——法则之三

还记得你在之前完成的好运图表吗？这份图表中列出的第6、7、8三项同本章论及的准法则有关。第6项是关于你对美好的未来期待的程度。第7项要问的是在机会不多的情况下你是否还想实现你当初的目标。第8项则是有关你持什么态度去同别人交往。

评分：

回头看一下你给这三项打的分，然后把这些数目相加，得到的分数就是你为第三个运气法则打的分。

陈述	得分（1~5）
6. 我基本上总希望将来会有好运。	3
7. 即使成功的机会不大，我也要实现想实现的目标。	4
8. 我希望遇到的人大多亲切、友好、乐于助人。	4
第三个运气法则总分	**11**

现在，你再看看下面的刻度表，确定一下你的得分是属于高档得分，还是中档得分，或是低档得分。然后在你的"运气日志"里记上这一得分，以及所属档次。今后你在同人讨论如何使自己过上一种美好生活的时候，这些东西是十分重要的参考数据。

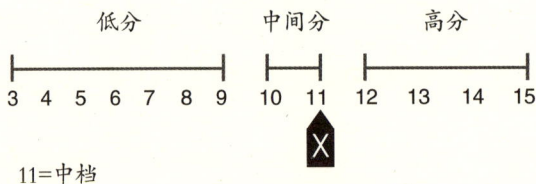

低分　　　　中间分　　　高分

3　4　5　6　7　8　9　10　11　12　13　14　15

11＝中档

我曾经让许多幸运者、不幸者和居中者填写这份幸运图表。幸运者填的分要远远高于其他两类人。不幸者往往填的是最低分（见下图）。

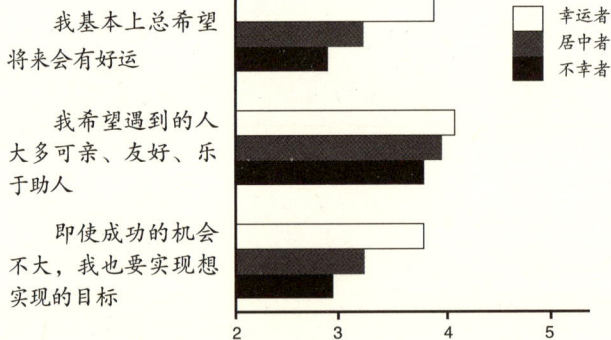

我基本上总希望
将来会有好运

我希望遇到的人
大多可亲、友好、乐
于助人

即使成功的机会
不大，我也要实现想
实现的目标

幸运者
居中者
不幸者

2　　　3　　　4　　　5

幸运图表中不幸者、居中者和幸运者的平均得分

结语
让正能量运作的有效方法

幸运者和不幸者似乎生活在不同的世界里。不幸者不管如何努力似乎总是不能达到目的，而幸运者则坚持不懈地追求他们终生的梦想和抱负。我的调研揭示，这两类人对未来的期待完全不同。不幸者认定他们的前途一片暗淡，他们无力改变现状。幸运者则完全相反。他们认定未来将是美好的，好运就在前面等着他们。这两种异乎寻常的期待对人们的思想和行为有着相当大的影响。它决定着人们是否能去实现自己的目标，面对失败是否还能坚持下去；它决定着人们如何对待别人，别人又如何做出回应。这样，他们的期待就会像预示的那样自然实现，而这一点又将影响他们的个人生活和职业生涯。

幸运者并非碰巧才实现自己的抱负。不幸者也并非注定实现不了他们的目标。他们的成功与失败，在很大程度上取决于对未来截然不同的期待。幸运者和不幸者对未来都有很强烈的期待，这些期待能帮助创造未来。好的期待，会形成一股强大的吸引力，能将我们与正向的能量连接起来。只有把握那些让我们感觉美好的期待，并且好好地利用它们，才能拥有最大的收获，这是让正能量实现运作的最有效方法。

法则之三：永远期望好运发生

幸运者对未来的期待，有助于实现他们的梦想和抱负。

准法则：

1. 对未来充满信心。

2. 机会渺茫也绝不放弃。

3. 善于经营人脉圈子。

增强你生活中的运气

下面的一些手段和练习有助你增强对未来的期望，有助你实现自己的梦想和抱负。认真看一下，然后想想如何把这些融入你的日常生活中去。在第八章，我将谈及一个系统的计划，告诉你如何有效地运用这些手段，来给你的生活增添好运。

1. 期望未来获得好运

幸运者对未来的期待都持积极的态度。他们希望未来生活的方方面面，不管是在自己掌握之中的，还是在自己的掌握之外的，都能获得好运。这些期望对幸运者的生活起着重要的作用——因为这些期望能使预示自我实现，使梦想成真。回想一下幸运的私人侦探马丁的故事吧，想想他的美好期望是如何帮助他获得了梦想中的职业的。或者回想一下埃里克的故事，他婚姻美满，有位爱妻，干过他所喜爱的许多工作。埃里克对未来总是持积极的态度。他打开窗户，如果看到的是雨天，他想的是"太好了，明天花都会开了"。我希望你每天起床之后花些许时间，像马丁和埃里克那样，为自己的生活带来好运。记住，虽然幸运者不做冒险的事，但他们总把未来想象得十分美好。要使自己相信，你的未来一片光明，美满幸福。对未来的期望要切实可行，但一定要美好。就这么一步一步地走下去，就会看到一个光明的前景。

推荐练习

肯定你会获得好运

肯定你会获得好运，就会十分有益地影响到你对问题的思考和对周围事物的感受。许多幸运者每天起床做的一件事是提醒自己遇上好运。在以后几个星期里，我希望你在每天起床后自言自语地肯定下面的一些事情。

"我是一个幸运的人，今天又将是一个带来好运的日子。"

"我知道将来我会更加幸运。"

"我应该得到好运，今天就会遇上好事。"

开始这么做的时候你会感到别扭，但还是试着做下去，看看如不做此事会有哪些不同。

确定好运的目标

这个练习旨在通过标出你的目标来确定你的期望没有脱离正确方

向。拿出一张纸，写上你的运气之旅的三个目标阶段：

短期目标

中期目标

长期目标

现在就开出三张单子来。第一张写着你短期的目标——下个月就想达到的目标。第二张写上半年后想达到的目标。最后一张写上你准备在明年或更长时间里达到的所谓长期目标。

许多人觉得不易做到这一点。不过这里有一些可能对你有用的提示。

★思考一下生活中方方面面的目标——什么是你想在个人生活和职业生涯中实现的。

★把设定的目标尽量具体化——不要"我希望快乐"那样笼统的东西，而是要思考一下问题，怎么才能使自己快乐——你可能渴望一场甜蜜的恋爱，也可能你很满意自己的工作。然后再把上述问题往细处分拆，例如你希望什么样的伴侣，什么样的工作最让你满意。目标越具体越好，其效果远远好于笼统的目标。

★最为重要的是，要设定一些能够达到的目标。幸运者对未来充满美好的期望，但绝不好高骛远。因此要设定一些能达到的目标。记住，目标一旦达到，你就再回过头来看看你开列的单子，进行修改。

★最好能为实现某些更重要的目标设定一个最后期限，这可能对你有所帮助。当然设定的最后期限要符合实际，能够实现。

这张单子表示你对未来的期望，就是说，是你凭借自己的好运想要达到的目标。定期检查这张单子，看看取得了什么进展。

2. 即使成功的希望十分渺茫，也要试着实现自己的目标，面对失败也要坚持下去。

我们在前面还看到，不幸者对未来的期待，有时尚未实施，就已放弃。他们不去约会，因此永远找不到伴侣。他们不参加考试，所以失败总是等着他们。绝不能像不幸者那样思考问题。而要让你对未来的期待，成为你实现意想中的目标的动力，即使成功的希望十分渺茫也要坚持下去。还可以回想一下我曾让人们做过的智力游戏。幸运者即使面对重重困难，也要想法解开这一智力游戏。要像他们那样去思考问题。可以暂时停止一下，或改变方式来实现自己的目标，但必须做好实验的准备，一次不行，再来一次，直到实现自己的梦想和抱负。

推荐练习

做一个成本效益分析

一些幸运者承认，面对失败还要坚持下去并不是件容易的事。他们中的一些人说，他们一旦产生放弃的念头时，就按下述方式行事。

首先，在"运气日志"里写下自己的目标。然后在这一页的中间画一道直线，一边顶端写上"收益"，另一边顶端写上"付出"。

设想一下你怎样才有可能借助好运实现目标。设想一下你取得成功，实现你确实想实现的目标的景况。你的梦想于是像有魔术相助似的成了现实。在"收益"一栏，写下达到目标之后所能获得的所有好处。能想出多少好处就写多少好处：达到目标之后的成就感，个人生活和职业生涯的充实感，经济收入提高，生活乐趣增加，更愿帮助别人，等等。就这么一直想下去，看看用不同方式实现目标，你能得到多少好处。

其次，在"付出"栏里记下为实现目标，或为坚持下去应该付出的代价，应该做出的各种努力。你可能要写更多的信，发更多的文章或电子邮件，打更多的电话，出席更多的会议，甚至还得改变一些生活习惯。

现在再回过头来看看两栏里写的东西。你再一次设想一下你会取得的成就，把收益和成本做比较。许多人在完成这一练习之后会发现，收益远远大于付出，就会觉得现在是付诸行动的时候了。

---

3. 期望同别人进行有益的和成功的交往

幸运者对与人交往以及人际关系总是充满希望。在个人生活中，他们期待周围的人趣味盎然、性格开朗，谈笑风生。还记得安德烈亚吗？她生活得幸福美满，总能同她所说的"精英"约会。安德烈亚成功的秘诀不在于她妩媚动人，存款很多，而是她对未来充满希望。她期待所见的人和蔼可亲、友好相处、相互提携。这样，她的期待往往能够成为现实。这一手段同样适用于工作单位。幸运者期待与同事和顾客的交往既有成效，且很快乐。还记得李吗？他借助"梦想成真"的手段成了一个非常成功的市场营销经理。他在同人通话、与人会面之前就做了一番思考，设想与之打交道的人会怎样热情相待。他的期待就使预示自我实现了。试着采取李和安德烈亚的处世态度——"梦想成真"和相处有益——来同人交往，你会因此惊讶地发现它对你生活所产生的影响。

推荐练习

设想一下好运

在我进行调研的过程中，幸运者常常谈到他们是如何设想遇上好运的事。在你面临一件重大事情的时候，比如面临工作面试、会议或约会的时候，你可试着做做下面的练习，看看会有什么事情发生。

找一间安静的屋子，坐在一张舒适的椅子上。闭上眼睛，尽量放松。做一次深呼吸。在你内心设想一下即将面对的情景。想想身处的环境，可能遇见的一些人，可能看到的一些东西，可能听到的一些声音。

接下来就要设想一下在这样的环境中自己将会有什么样的好运，将会取得什么样的成功。如果你设想的是工作面试，就在心里想象，你将通过面试给别人留下一个十分能干、知识渊博的印象。设想一下面试官可能会对你提出的各种类型的问题，以及你做出的令人满意的回答。如果你设想的是一次约会，就在心里想象自己充满自信，神态自如。如果你设想的是一次有些麻烦的会议，就在心里想象，参加会议的每个人都很友好，都很合作。你在心里想象这些情景的时候，想得越具体越好。

要想到在那种场合里自己的穿戴，自己的行为举止。要想到别人会说什么话，你将如何应对。还要想象一下对方身处这种环境会有什么反应，然后回过头来从自己的角度想象身处这种环境的情景。

　　最为重要的是，把注意力集中到自己对好运的期待和对目标的实现上。

　　到了这一步，你就可以睁开眼睛，使这一期待成为现实。

第六章

法则之四：变厄运为好运

>>>>>>

原理：幸运者能把厄运变成好运

迄今为止，我们已经探讨了幸运者通常会创造好运的三条法则，但生活不总是称心如意的。幸运者有时也会命运不佳，遇到一些负面的事。我对他们如何应付厄运的方式做了一番调查研究，这样就得出了第四条法则：把厄运转变成令人惊讶的好运所采用的异乎寻常的方法。

准法则1：
看到坏事的积极一面

看看下面的照片。照片上的两个人看上去都不愉快，但就像生活中的许多事情那样，问题是你怎么来看这张照片。把书颠倒过来，再来看这张照片。现在两个人看上去都很快乐。环境并没有变化，但你看问题的方式变了。幸运者运用同样的方式来看待生活中不幸的事，他们换一种方式把世界颠倒过来看待发生的事。

　　设想一下你将代表国家参加奥运会。你努力比赛，取得了好的成绩，得到了一块铜牌。你会怎么样呢？我想大多数人都会十分高兴，为取得的成绩而感到骄傲。现在，我们把时钟倒拨过来，重新来参加一次奥运会的比赛。这一次你更出色，得了一块银牌。此时你会高兴到什么程度呢？大多数人认为，得银牌肯定比得铜牌更高兴。这没有什么奇怪的。毕竟，奖牌反映了我们做出努力取得的成绩，银牌表示我们取得的成绩好于铜牌。

但调研的结果发现，运动员得到铜牌的兴奋度要大于得到银牌的人。这一点同运动员如何看待自己做出的努力有关。银牌运动员有这样一种想法，即自己真应该再加一把劲，保不住就能得到金牌，目前的结果太可惜了。与之相反，铜牌运动员的想法是，幸好没有松懈，否则什么都得不着，能有奖牌挺不错。心理学家把这种设想能取得什么成绩的能力，而不是实际上能实现什么的能力，称之为"反事实思维"。

正能量练习12：思考一下厄运

请读一读下面设置的情景，然后设想一下会有什么情况发生。在你"运气日志"新的一页上，你给所处的每个情景打一个运气程度的分，可从 –3 到 +3 中挑一个数，然后说说你为什么打这个分。

情景1：设想你的车因为遇到红灯突然停下，后面的车子撞到了你的车尾，车坏得不轻，自己也像让人抽了一鞭子那样疼痛难受。

你怎么给这一情况打分？

从非常不幸的 –3 –2 –1 0 +1 +2 到非常幸运的 +3 中选一个分数，并说出原因。

情景2：设想你想从银行贷一笔款。你同银行经理人员安排了一次会面，向他解释你借贷的理由。这位经理人员有些行色匆匆，拒绝给你大笔贷款，只想按你提出的数字贷给一半。你怎么给这一情况打分？

从非常不幸的 –3 –2 –1 0 +1 +2 到非常幸运的 +3 中选一个分数，

并说出原因。

情景 3：设想你丢了钱包，里面有些现金，几张信用卡，还有一些寄托个人情感的东西。之后，警察收到别人递来的钱包，还给了你。你打开一看，现金和信用卡没有了，寄托个人情感的东西还在。

你怎么给这一情况打分？

从非常不幸的 -3 -2 -1 0 +1 +2 到非常幸运的 +3 选一个分数，并说出原因。

评分：

看一下你给这三种情景打的分。不幸者会给其中两件、甚至三件事都打上负分，幸运者则会给两件、甚至三件事都打上正分。

现在再来看看你打出这些分数的理由。这些分数揭示了看待问题的不同方式。不幸者会着眼于事件的消极一面，写下如果不出现这种情况该有多好。幸运者则从这些事件里看到积极的一面，会觉得幸好事情闹得不是很大。

本章将要阐述的是，你对生活中不幸的事看法的不同，将会严重影响你把厄运转变成好运的能力。

遭遇厄运总会引起情绪波动，我不知道幸运者是否会运用反事实思维来冲淡这种波动的情绪。他们经历厄运的时候，是否觉得还有比这更

糟的事，从而产生不算太倒霉的感觉。为了弄清这个问题，我决定向幸运者和不幸者提供某些遭遇不幸的场景，看他们做出何种反应。

我的助手马休·史密斯，还有心理学家彼得·哈里斯博士曾同我一起做了一段时间的实验。我们回想了一些同我们面谈以及同我们有通信来往的人所描述的一些经历，在这基础上设计了一些简单的场景。第一个场景是根据我在开始调研之前从报上读到的一则新闻设计的。我向他们讲述一个叫罗纳德的男人所经历的一连串异乎寻常的不幸事件。

几个月前，罗纳德正站在一个火车站台上，忽然一个完全陌生的人走上前来，用气枪向他开了一枪。罗纳德想制伏这个陌生人，两人打了起来，扭打之中，这位陌生人突然掏出一把刀来，向罗纳德的脸刺来。这是纯属偶然的一场灾祸，原因就是他在一个错误的时间站到了一个错误的地方。罗纳德在信中说，他认为真是倒了大霉，遭到了别人的攻击。但过后一想，他又觉得很幸运，因为气枪打来的子弹正好偏向喉头的左面，如果是右面的话，声带肯定受到影响。我们把罗纳德的不幸遭遇简化了一下，作为第一个实验用的场景。

我们让幸运者和不幸者做这么一个假设：他们去银行办事，忽然间，一个武装抢劫者冲进来，开了一枪，正好打在他的胳膊上。接下来，每个人按下面的等级标出此事幸运或不幸的分数。

非常不幸 -3　　-2　　-1　　0　　+1　　+2　　+3 非常幸运。

幸运者和不幸者对上述事件反应的差距真是令人难以置信。

　　我们在前面一章谈到过不幸者克莱尔。她同丈夫关系破裂了很长一段时间，试了许多工作，称心如意的不多。克莱尔认为如果她遭到抢银行歹徒开枪射中胳膊的话，那真是最大的不幸，因此她给的是 -3。

　　我们在第二章里谈到出版商斯蒂芬的不幸生活。斯蒂芬只要一接触财务方面的事，就会极端不幸。一位非常不可靠的律师搞垮了他的公司，每次赚钱的机会他都失之交臂。他给上述抢银行的场景打了一个 -2 分。他说：

　　我觉得这简直不可思议，处在这种情况下怎么还会认为自己幸运呢？除非此人嗜好让人开枪击中。

　　幸运者面对这一场景，认为是幸运多了，他们会很自然地说，这种情况还远不是最坏的。在本书中，我们经常谈到幸运的市场营销经理李。李常常是在正确的时间站在正确的地方。他身处有利的环境，运用"梦想成真"的理念打造美好的未来。我们问李在歹徒抢劫银行时挨了一枪是幸运呢还是不幸，他立即回答说，这是件非常幸运的事，并在打分栏上打了个 +3，然后就说：

　　子弹本来可能会立即把我打死，但它只是打到了我的胳膊上，这意味着我仍有机会与之搏斗。

　　在上一章里，我们谈到幸运的私人侦探马文。他对未来充满美好的期望，这使他实现了许多梦想和抱负。马文同李一样，认为在歹徒抢银行时只是胳膊受了伤是件幸事，同样打了一个 +3 分。他下面的一席话同样揭示了幸运者生活的一些深刻内涵。

　　子弹没有打到头部就是件非常幸运的事。你还可以把这事写篇稿子投给报纸，赚一笔钱。

　　我们为每个参与者设计的另一个场景是：由于楼梯地毯松动，一不小心滑了一跤，从楼梯上摔了下来，扭伤了脚脖子。我们要求所有参与这一实验的人打一个分，不幸者和幸运者再次显示了他们对这种情况的不同看法。克莱尔给这一情景打了个 -3 分。她说：

　　我在参加一个朋友的聚会时就遇到过这种情况。我在楼梯地毯上踩了个空，摔了下来，正好压到另一个朋友身上。我鞋子的后跟踩中了他的脸。在送他去医院的路上，汽车打滑，翻了个个儿。我们三人都被立即送去抢救。

　　李和马文与之正好相反，认为这非常幸运，都给打了个 +3 分。李和马文都认为，脖子和后背没有受到伤害就是幸事，扭伤脚脖子简直不算是什么不幸的事。

　　幸运者和不幸者之间的差异真是大得惊人。不幸者在碰到上述情况时，就只会觉得运气糟糕透顶，无限绝望。幸运者正好与之相反。他们

遇到情况，常能看到其中积极的一面，立即就会想到，幸好没有碰上更糟的事。这样，他们的心理就会取得平衡，保持所持的理念，即他们是幸运的人，过着一种幸运的生活。当他们将焦点放在美好的事物上时，各种内在的正能量、惊奇和喜悦，会源源不绝地回应他们。

我在跟许多人的面谈中发现，幸运者和不幸者面对生活中的厄运态度相当不同。阿格尼丝是苏格兰的一个艺术家，她家庭生活幸福美满，职业生涯也很顺利。阿格尼丝一生中经历了数次死亡的考验。五岁时，她走路打滑，脑袋摔进了一堆火中。七岁时，她家周围的煤气管道破裂，煤气顺着裂口钻进了她的卧室，而那时她正在睡觉。几年后，她到海中戏水，不巧掉进一个隐蔽的洞穴，差点淹死。到了十多岁，她又遭遇了一场车祸。

但阿格尼丝从来没让这些事故击倒。她每遇一次事故，都会立即想到还有比这更糟的事，因而从不垂头丧气，总把自己看成个幸运的人。她告诉我，那次一头摔进火中的时候，正好爷爷赶上去把火灭了，没有造成更大伤害。在讲到煤气泄漏的时候，她说她睡觉有个习惯，就是用被单把头盖住，从而避免了吸进煤气的危险。最后讲到车祸的时候，她说幸好车要转弯，车速不快。按阿格尼丝的说法，她没有因此死去就是最大的幸事，没什么不幸可说的。

幸运者遇事会自然而然地想到比这更坏的情况，因此能平衡心理，宽慰自己。这又能使他们继续过一种幸运的生活。不过这种"反事实思维"并不是幸运者宽慰自己的唯一办法。他们还会同遭遇更加不幸的人相比。这一简单的思维方式可用一种简单的幻觉来说明。请看下面两幅图。

图一   图二

图一中的黑圆看上去要比图二中的黑圆大，但实际上两个圆一般大。它们看上去之所以大小不等，是因为我们习惯于把圆同周围的几个圆相比。图一的圆让一圈小圆包围着，于是看上去就相对大了一些。图二的圆让几个大圆包围着，于是看上去就相对小了一些。这一观念同样决定着人们如何看待自己幸运与否。

设想这些圆代表你和你同事从事不同的工作所得的不同薪金。黑圆代表你的薪金，灰圆代表你同事的薪金。图一中的圆代表你的第一份工作，图二中的圆代表你的第二份工作。既然两个黑圆大小相等，说明你这两份工作所挣的钱相等，但在心理上你的感觉是不一样的。在你的第一份工作中，你挣的钱要多于你的同事，因此你在心理上有种满足感。但在第二份工作中，你的同事挣得比你多，结果造成你心理上有种不满足感。

幸运者和不幸者在遇到厄运的时候，常常采用这种"比较思维"。前面我谈到不幸的克莱尔面对我设置的不幸场景，总是只看到其消极的一面，此外，她还把自己同那些幸运者相比，结果就进一步增强了这种负面效果。她在同我面谈的时候讲到为什么不满意目前的工作时说：

看来只有我工作不顺，别人从不像我那样。我不断注意那些工作顺当的人。他们又买新车，又去度假，又逛俱乐部，总能找出休息的时间。我就不行，我就不敢休假。我老是想："为什么我就不行呢？"

幸运者与之相反，他们同那些不如自己的人相比，这就相对削弱了厄运带来的影响。最有说服力的例子是参与我的实验的米娜。米娜在二战初期的波兰长大。占领军经常在大街上围捕大批人群，然后把他们送进监狱或集中营。有一天，米娜差一点被抓住。她藏进了一个小院，才躲过了这场劫难，但她的家人和许多朋友没那么幸运。她一辈子都忘不了这件事，它仍在影响着她对所有不幸事件的看法。她说：

每次遇上不幸的事，我就总是想起那些比我还不幸的人：那些被送进集中营的人，那些受到战争摧残、留下残疾的人。我有时也觉得自己倒霉，但也只是一会儿的时间，接着就想起这些人来，想到他们所受的非人待遇，于是就感到相比之下，真是好多了。

总之，幸运者懂得如何缓解厄运给自己情绪带来的影响，他们会设想比这更糟糕的情况，以及更不如他的那些人。

准法则2：
相信总会时来运转

这里讲的第二个重要的手段强调幸运者有能力把厄运转变成好运。数千年前人们就有了这一观念。

有则古老的寓言，讲一个富有智慧的农民，他认为，许多看上去不幸的事，从长远来看，总会出人意料地转变成好事。有一天，这个农民骑马外出。突然间，这匹马把他摔到了地上，结果把他的腿给摔断了。几天之后，他的邻居向他诉苦，说是遇上了倒霉的事。农民听后就问："你怎么知道这是厄运呢？"一个星期过后，村民们准备举办一场特殊的节日盛会。农民因为腿折，无法参加这场盛会。他的邻居很是为他惋惜。农民又问："你怎么知道这是不幸呢？"节日盛会不巧遇上火灾，许多人都死于大火之中。邻居这才懂得，这个农民遭遇的一连串不幸使他免遭那场大火之灾，认识到农民对他所说的厄运提出的质问是有道理的。

许多幸运者对待所遇厄运的态度同这位农民一样。每当他们回顾过去的时候，常把注意力放在厄运所带来的好处上。我们在第三章里谈到了约瑟夫，一个三十五岁的成年学生。他经历了影响其生活的种种厄运，但他有着把厄运转变成好运的惊人能力。约瑟夫现在正为取得心理学位努力学习，过着遵纪守法的幸福生活。他年轻时的生活完全是另一回事。那时，警察老同他过不去；有一次他还因为想冲进一座办公大楼而被捕入狱。回想此事，约瑟夫觉得这是一生中最幸运的事。他说：

　　我二十多岁的时候，同两个伙伴厮混，做了不少偷窃等违法的事。有一夜，我们决定去闯一座办公大楼。我爬上屋顶，骤然间产生了一种恐高的感觉。此时警铃大作，两个同伴迅速逃走，我则因为恐高，站在那里动都不敢动。警察此时赶到，把我抓了起来。经法庭审判，我被关了四个月。坐牢期间，我得知两位伙伴又去作案，警察把他们当成当地臭名昭著的持枪歹徒，于是开枪射击，一位被打伤，只能在轮椅里度过一生，另一位被击毙。我得说，坐牢是我一生中最大的幸事。

　　我也常常经历相类似的情况。实际上，我当魔术师的时候，遇到了一生中最不幸的事，但从长远来看，它给我带来了好运。我接受邀请，去加利福尼亚，在一个对魔术师来说很负盛名的俱乐部——好莱坞魔术城堡做表演。我太想给大家留下一个深刻印象了。前去的路上，我决定在纽约逗留几天。当时，所有用来做表演的道具都装进了一个小箱子。这个箱子从不离身，理由不言自明。有一天，我决定在一家快餐店吃顿快餐，顺手把小箱子放到了身边的一张椅子上。一会儿，快餐店的另一边出现了一些骚乱，我便抬头看看发生了什么事。我再回过头来吃饭的时候，发现小箱子已不翼而飞。我变魔术的所有道具都在里边，而离表演日期没有几天了。更糟的是，许多道具是根本无法用别的东西替代的，我不得不立即想别的办法改变整个演出计划。我跑到当地一家商店，买了几副扑克牌，然后回到旅馆。那天晚上，我才真正懂得"需要是发明之母"的含义。我一直干到凌晨，利用手头现有的材料设计出几套新的戏法。最后，我又把多年不搞的表演重新排演了几遍，连带发明了两套新的戏法。我这组新设计的表演要比原有的表演强多了，而两套新设计的魔术后来因创新性和与众不同而获奖。现在回想我的箱子如果不丢的话，我是不会浪费时间、费尽心机去创新的。虽然当时我没有认识到这一点，但手提箱被盗确实是我当魔术师时遇上的最为幸运的事。

幸运者运用这一观念来缓解厄运给自己情绪带来的影响。回过头来看看，着眼于厄运所引出的积极面，人们就会感到宽慰，就会对未来充满信心。厄运一旦临头，他们会从长远着眼，期待最终解决问题。在他们看来，生命中一切美好的事物都可以拥有，持续地着眼于光明面，他们也因此成为一个崭新的、充满正能量、更加有行动力的人。

准法则3：
不沉溺于厄运的悲痛

不幸者容易沉湎于厄运，这就像一个不幸者说的那样：

　　我好像让咒语捆住了手脚那样。曾有一段时期，我真是走投无路。我通宵失眠，老是琢磨纠正那些做错的事，实际上我根本无能为力。我真不知做了什么孽，命运让我如此狼狈。

　　幸运者正好相反。他们不让过去捆住自己的手脚，而是着眼于未来。在第四章中，我们发现沉思是如何帮助乔纳森增强直觉能力，以及增加他在个人生活和职业生涯中的好运的。乔纳森还因为能把厄运转变为好运而闻名遐迩。他说：

　　老板不止一次提到我总能安然脱离困境的事。有的时候，事情进行得并非十分顺利，但我总能挺住，安渡难关。

　　有意思的是，乔纳森还谈到他是如何通过沉思摆脱厄运的羁绊：

　　我认为沉思有助于从一个更好的角度去看待生活。你可以先把事情放一放，安静下来，睡一觉，当你醒来，不再那么紧张的时候，再换一个角度来思考问题。如果你发现没法改变所处的状况，也不用那么紧张。如果你觉得可以采取行动，那么就采取行动。但如果你做什么都没用——比如你在路上开车遇堵——你干脆就别去想它，而要安静下来。通常情况下，我就躲开这些麻烦。我不是天生好沉思的人。在许多情况下，我能得到我想得到的东西，但如果得不到，第二天醒来我就设法把此事抛在一边。我想，既然对此事无能为力，我就不用费心再去考虑。我还是过我的日子。

乔纳森不是唯一一谈到"把事暂时抛到一边"的重要性的人。琳达生活美满，实现了许多梦想和抱负。我也问过她是如何应付遇到的一些厄运的。她同样谈到了沉思在忘掉过去厄运中发挥的重要作用。

·

我过去常参加默念活动，确实很有帮助。我学会了如何抛开心头的烦恼事。你得把过去的事作为一种经验教训，抛在一边，不再为之烦心。我觉得这不难做到。我不再老是沉湎于往事。

塞思是纽约的一名律师。他注意到自己的好运大多直接来自厄运。孩提时代，他身体超重，常受别人讥笑。青年时代，他参加了体重观察组织。第一次参加活动的时候，他遇见了一位志同道合的朋友，他们一起参加了一年左右时间的活动，几年之后就结婚了。塞思在不幸中求得发展的能力表现在不止一个方面。他说：

回顾过去，我觉得生活中的厄运都会让你积极地从中吸取经验教训。我们不必都要从重大的事情中吸取各种经验。最近几年，我在股票市场上运气不佳。我做了一些很糟糕的决定，损失了约两百万美元。我想这是带有毁灭性的事，但事实上我挺了过来。损失这么多钱并不是世界末日。这帮我从一个新的角度思考钱对生活到底意味着什么。毕竟我还有工作，还有一副健壮的身体，还有一个家和我的妻子。我从来不沉湎于过去。恰恰相反，我在大堆的废物中觅宝，极少为消极因素垂头丧气。我通常只看所处环境中积极的一面，只考虑如何能得益于这一环境。

幸运者和不幸者面对厄运截然不同的态度，会对他们的思想和情绪产生巨大影响。**调研表明，当人们沉溺于生活中的负面东西时，就会感到悲伤。当人们着眼于过去生活中积极的东西时，就会感到快乐。这不仅仅是回忆影响情绪，情绪也会影响回忆。**这里有个巧妙地构想出来的实验，克拉克大学心理学家詹姆斯·莱德文（James Laird）与他的同事通过这一实验专门研究了情绪对回忆的影响。他们让参与实验的人读两篇短文。一篇是令人伤感的报纸评论，讲人们在捕捉金枪鱼时毫无道理地杀死了海豚；另一篇是伍迪·艾伦（Woody Allen）写的一篇有趣的短篇小说。

接着，实验者采用一种十分巧妙的手段，让人有种高兴或悲伤的感觉。他们让一半人把铅笔用牙咬住，绝不能碰到嘴唇。这些人不知不觉脸上就露出了笑容。实验者又让另一半人用嘴唇夹住铅笔的一端，但绝不能用牙去碰它。他们在不知不觉中就皱起了眉头。人们面带笑容的时候，正是他们感到快乐的时候；同样，皱起眉头的时候，也正是他们感到悲伤的时候。接下来，实验者又给每人发一支笔，让他们记下他们能回忆起来的两篇短文的内容。结果非常显著。面带笑容的一半人写下了伍迪·艾伦小说中许多有趣的事，关于那篇严肃的评论则涉及不多。那皱着眉头的一半人则基本记不清伍迪·艾伦的小说讲了些什么，但对那篇评论却能说出许多东西。这表明情绪影响着他们所能记得的内容。同样，我们心情好的时候回忆往事，通常会想到那些使我们生活快乐的事。心情不好的时候进行回忆的话，我们就会沉湎于过去那些负面的东西。

情绪和回忆的双向关系，能很好解释为什么幸运者不愿沉溺于过去的厄运，会有助于其对生活保持一种乐观的态度。当不幸者老是转悠在过去的厄运之中无法自拔的时候，他们就会感到更加不幸，更加悲伤。这进而会使他们更多地想到生活中的种种不幸，结果就只能更加不幸，更加悲伤。这种恶性循环只能使他们每况愈下，最终形成一种悲观的世界观。他们的回忆影响了他们的情绪，这种情绪又影响了他们对过去的回忆，最终被负面能量所控。

正能量练习13：对待厄运的态度

这一练习讲的是当你在生活中遇到麻烦或遭到失败的时候，该如何应对的问题。在你"运气日志"新的一页上，真实记录下当你遇到下述情况时会做出的反应。

不要写你认为该怎么想和怎么做的内容。先花几分钟，设身处地地把自己放到下述情景中，估计会做出什么反应，并会采取什么行动。然后真实地记录下来。

事件一：你进行了四次路考，四次失败。遇到这种情况，你该如何处置?

事件二：每隔三年你就提出一次晋升申请，但每次都没成功。遇到这种情况，你该如何处置？

事件三：你家天花板上的水管漏水，你堵了三次，却越堵越糟。遇到这种情况，你该如何处置？

说明：

我就上述问题问过许多幸运者、不幸者和中间状态的人。他们的回答基本上是下述两种倾向。

不幸者说，他们往往放弃，就这么带着问题过日子。他们不想琢磨过去失败的原因，他们常常借助一些无效的方式来解决问题，比如借助迷信的手段来解决问题。

幸运者与此相反。他们不是放弃，而是坚持不懈；他们把受挫看作一种总结经验教训的机会，并就此探讨新的更有成效的办法来解决问题，比如向专家咨询、从另一角度思考等等。

幸运者能避开这种恶性循环，因为他们能忘掉过去遇到的那些倒霉事，而把注意力集中到那些幸运的事上。这样，他们美好的回忆使他们快乐，使他们感到幸运。这又使他们回想起问题解决的那些时刻。他们的回忆和情绪不是一种恶性循环，而是两者互为作用，使得自己越来越有好运。**幸运者和不幸者对于厄运的相反态度，最终会影响他们的信念，引发正能量与负能量间的博弈。**

准法则4：
采取措施避免不幸

设想一下你进行了三次约会，但三次失败。或者你经历了四次工作面试，四次遭到拒绝。或者你去商店买衣服，发现正好有你想要的，但在交款处排了长队。遇到这些情况你该如何应对呢？是坚持不懈呢还是干脆放弃？是务必达到目的呢还是失去信心？我为许多参加这一实验的幸运者和不幸者设计了上述场景，并就此提出了问题。我想知道这两组人是如何应付此类倒霉事的。我让每个人都谈谈他们面对这些情况会有什么感觉，更为重要的是将采取什么行动。调研结果使我们深入了解了幸运的原理。

在前一章，我谈到了幸运者和不幸者的期望同他们面对逆境如何坚持的关系。不幸者认为他们再干也无济于事，因此不会费力坚持下去。幸运者则相反。他们有必胜的信念，因此乐于坚持下去。同样，这两组人在回答我提出的如何应对厄运的问题上，也存在着这样的差异。从不幸者那儿听到的常常是放弃了之。一位不幸者面对我们设计的三次约会失败之后说：

我不想再去约会了。我想再去也百无一用，三次都失败了，再去还有什么用？所以就不再搞第四次约会了。

他们找到了想买的衣服，却发现交款处排着长队。此时，他们的回答是：

我可能会有一周时间心里极不痛快，然后干脆忘掉此事。或者我排队等着，想着当我排到收款处时，收款处刷卡的机器坏了。遇到这种情况，我就要大发脾气。

幸运者则能耐心坚持。他们坚信不会命中注定处处碰壁。他们认为，厄运是种挑战，必须战胜，只有这样才能登上幸运的彼岸。对我们设计的三次约会失败，他们认为仍应坚持下去。其中一位幸运者是这么说的：

我得一次又一次地试下去，绝不因此胆怯不前，不，还有约会，还得去。你不能那么轻易地放弃。生活给你提出了这么一些小小的任务，你得前去完成。

对我们设计的三次工作面试失败，另一位说：

我只是耸耸肩，再去参加另一次面试。我会立即给更多的公司写信，推荐自己。我想我可能会在同一天里一口气给更多的公司写信，这样我才会觉得是在积极面对生活。

幸运者和不幸者对我的问题做出的回答，还揭示了另一个重要的不同之处。幸运者应付不幸比不幸者能想出更多办法。不幸者几乎说不出过去在某些事上可以成功的办法。他们不太想从过去的错误中吸取经验教训，因此也不会在将来运用这些办法。与之相反，幸运者常会当即回答说，他们会把失败当作一个学习的机会，从中求得发展。面对三次约会失败，一个幸运者说：

如果我真的不善约会的话，我会在第三次约会的时候听对方说了些什么，从中找出我的毛病，以便将来再有约会的话，有所改进。

另一个幸运者在三次工作面试失败之后，也采取了同样的办法：

我可能会给面试者写信，问问他我到底错在哪里。我会要求他们反馈给我一些信息，以便下次参加面试的时候不再出现同类错误。

因此，幸运者面对失败，仍能坚持不懈，且会想出更多的应对办法。这样，他们就能把厄运变成好运。不过幸运者还提到第三种应对厄运的办法。下面的智力游戏大概更能说明这一点。设想一下，我给你一支蜡烛、一盒图钉和一纸板火柴。你得把蜡烛安在墙上，然后把它点着，用作照明。一些人于是把图钉钉在墙上，然后试着把蜡烛固定在上面。另一些人则划着火柴，熔开蜡烛的底部，然后试着把蜡烛粘在墙上。但两种办法都不可行。实际上，只有少部分人想到了正确的办法。他们把装有图钉的盒子倒空，然后用图钉把盒子固定在墙上，接下来，你就很容易把蜡烛放到盒子上，把它点燃。这是一个既简单又别致、更有效的解决方法。这是需要开动脑筋、灵活创新的方法。它要求人们从另一角度去看待人们给他的这些物件，然后再设法解决问题。对他们来说，装图钉的盒子并不仅仅是个盒子，它还能被当作蜡烛的底座。他们之所以能找到解决问题的办法，就因为他们能从异于常规的角度来处理问题。他们之所以成功，就因为他们能想到盒子除了装东西外，还别有所用。幸运者往往愿意在困境中做出各种尝试，把幸运的正能量激活出来，真正将周围事物为自己所用。

　　我的调研显示，幸运者面对我所设计的遭遇厄运的场景时，也能采取同样的处理办法。当厄运挡住他们通向目标的道路时，他们就寻求其他解决办法。一位幸运者面对我们设计的三次约会失败之后说：

　　我想我极可能先停一段时间去同那个男人约会，暂时同自己的女友或其他朋友相处一段时间。这样会使自己同人的交往更自然些，而不是一个劲地同不熟悉的人多次约会。

　　谈到排队等候交款的事时，另一位立即提出了一个新颖的办法来：

　　……有的时候，你可以径直走到收款机前对收款人说："我把这要买的东西先放在你这里，明天来交款然后取东西，行不行？"有的时候他们还真同意这么做。

不幸者很少会有此类想法。一时无法交款，他们就想不买算了，回家吧，而不去考虑是否还有别的办法来解决。事实上，只有一个不幸者做出了富有创新的或十分新颖的办法来解决问题。有意思的是，此人不是去克服困难，而是逃避生活现实，从而达到"消灭"问题的目的。我问他面对三次约会失败该怎么办时，他想了一会儿，便笑着说，他可能去当牧师。

在我同幸运者和不幸者谈到他们生活中遇到的厄运时，都会立即得到上述种种反应。不幸者通常不想从过去的错误中吸取经验教训，或寻求新的办法来应付厄运。相反，他们认为自己是无法改变环境的，只能逆来顺受。

就说护士谢利吧。她有一个幸福的童年，后来在一个著名的医学院学习护士专业。通过考试之后，她周游了世界，过着一种相当美好的生活。接下来，她与现在的丈夫萍水相逢。他叫保罗，是个处处碰壁的人。谢利认为，他的不幸也影响了她的生活。结婚之后，她身体有病，经常失业，处处不快。

谢利第一次买车是在一九八三年。不幸的是买车不到几个星期，丈夫就去世了。葬礼过后不久，她第一次出了车祸，丈夫的死，加上车祸所带来的痛苦使谢利有四个星期失去了记忆。因此谢利对车祸的回忆相当模糊。但她认定责任不在她，而是那辆不祥的车。不过她对购买第二辆车后发生的交通事故却记得十分清楚：

第一次事故是这样的。我前面的那辆车不打任何信号，突然之间拐向左边，撞掉了我车的前灯。我之所以有错，是因为按交通规则我的车速太慢。第二次事故是由于前面的车急刹车，我的车撞了上去。第三次事故出在我驾车下铁路路基的时候。我都不明白怎么会出这样的事故。我只是伸手到座椅上拿东西，车不知怎么就拐出了路面，撞到了一堵墙上。后来，它又撞毁了一些交通信号设施。我已经受够了。不要这辆车了。

谢利第三辆车出的第一次事故是因为她的鞋带钩住了刹车踏板，结果和对面开来的一辆车相撞。谢利认定错在对方，但保险公司认定事故是她造成的。

出了那么多的交通事故，许多人肯定会认为她驾驶技术有问题。三辆车都出了问题，每次事故都被认定是谢利的错。但谢利就是固执地认定，这都是她的厄运所致，都是因为买了三辆很不吉利的车所致。于是她得出结论，除了认命，没有他法。她该当倒霉。

不幸者即使想改变面临的厄运，采取的办法也毫无新意。比如谢利，她不是去提高自己的驾驶技术，而是试图通过别人的帮助来使自己摆脱厄运。她说：

不管你做什么，灾难还是常来光顾，无休无止地光顾。好像冥冥之中有股什么力量总得让我出些事似的。我想这是老天在惩罚我，我得弥补自己的罪孽。我尽心照顾我那年迈体衰的母亲好多年，拯救了各种动物，参加各种力所能及的慈善活动。但不管我怎么努力，生活还是处处不顺。我多年来在日记里记下这些事情，等待命运出现转机。但命运依旧，所以日记也不记了。

谢利不是唯一想改变命运而没有成功的不幸者。在第五章里，我谈到了不幸的克莱尔。她身体不好，工作不顺，婚姻不美满。我有一次同她面谈的时候问她，难道就没想过改变一下生活中的厄运吗？于是她讲到是如何靠迷信度日的：

三四个月前，我收到一封信，是一个自称有超凡能力的人写来的，说是要帮我摆脱困境。信上提到我的童年生活很不幸福，我就奇怪她怎么会知道。现在回过头来想想，这大概是怎么说都有道理的说法。不过当时我还是很相信她的说法，于是就寄去一些钱，她就给我寄来一大堆号码，让我从中挑选几个去参加六合彩。丝毫没有什么结果。她告诉我说，这些号码能给我带来意想不到的财富。我还真的从中挑了一些号码去买六合彩——实际上我现在还这样做呢，但迄今为止我还没有碰上什么好运，从来没有赢得过什么钱。

此类迷信活动倒是没有多大害处，但我从其他面谈者中了解到的情况显示，迷信思想对不幸者的生活真的会产生极大的负面影响。

就拿保罗的例子来说吧。保罗今年七十五岁，是个退了休的推销员。保罗十多岁的时候就对迷信说法产生了兴趣。他看了一本有关占星术的旧书，说他的"幸运"数字是三。保罗于是决定试试这个数灵不灵。他去了当地的一个赛马场，看了一下当天将参加比赛的马号，然后把赌注都押到了每次比赛的第三匹马上。保罗把当时的情况向我讲述了一遍：

让我惊喜的是押的三匹马都胜了，我当然赢得了一大笔钱，比我一年的工资收入还多。那时我想我是世界上最幸运的人。不过回过头来想想，那可是我一生中最不幸的一天。那些日子里，我可是迷信到家了。我深信三就是我的幸运数字。

以后的几周里，保罗就把大笔赌注押到了凡带三的赛马身上。赛马没有赢钱，他就转而去赌赛狗。他每个晚上都去查看赛狗的跑道，把赌注都押在第三场比赛的第三条狗身上。一个月下来，原先赢的钱全部输了出去。到了这个时候，保罗不但没有从中吸取经验教训，反而更加迷信占星术说的一切，仍把大笔赌注押到凡带三的狗和马的身上，钱便源源不断地丢进了赛场，以致他负债累累，不得不想法来还债。最后，他买的家具因为无法按期付款而被收回，因为无法按期缴纳房租全家被驱赶出门。多年之后，保罗回顾他的生活，才觉得迷信思想是他厄运的根源。他现在仍在搞赛马和赛狗等赌博，但现在不再迷信那些幸运数字了，而是靠自己的分析判断。

这些面谈勾起了我的兴趣，于是我对参加实验的有迷信思想的人做了一番研究。我想知道迷信是对不幸者的影响大呢，还是对幸运者的影响大。我列了一个坐标，分1（不同意）到7（同意）七个等级。我让参

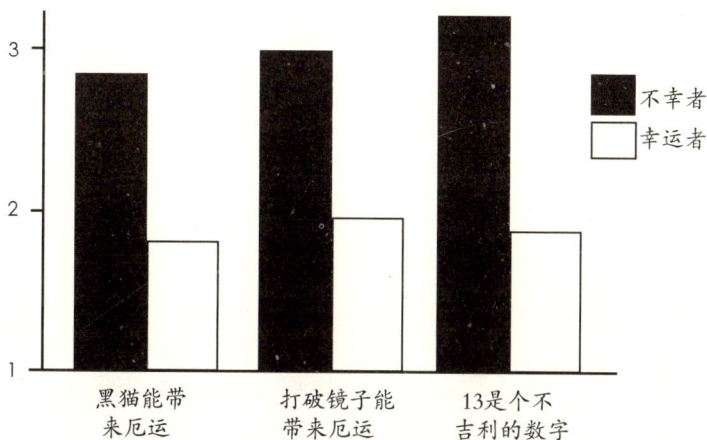

不幸者和幸运者对三种常见的迷信说法相信的平均程度

与者就如下问题标明他们迷信的等级，即他们是否认为 13 会带来厄运？打破一面镜子是否会有一种不祥的感觉？走路时碰上一只黑猫是否会因此倒霉？结果显示，不幸者比幸运者要迷信得多，这进一步证明不幸者更倾向于用一些毫无助益的方法，试图驱除遇到的种种厄运。

我的采访和面谈提供了更多的证据，证明幸运者会采取更多的办法来改变不幸的现状。前面我曾谈到私人侦探马文的幸福生活。马文像许多幸运者那样，强调要掌握自己的命运，要设法改变遭遇的不幸。他说：

每每听到有人说不喜欢自己的工作，我就告诉他们，如果不喜欢就别干。但有些人就说了："我没法不干，我不能不干，因为没有什么可干的，我真是不幸。"不过我还真不相信他们说的话。我认为，如果你不喜欢你所干的工作，你就应该想方设法换一个工作。因为如果你能换个喜欢干的工作，你就会心情舒畅，你就能改变命运。

四十六岁的希拉里是加州伯克利大学的一名内科医生。她遇到过种种不幸，但她认为自己很是幸运：

这倒不是说我在大街上捡到了幸运的钱币，或是中了六合彩。我说的比这大得多。那就是在我生活中遇到的一些重大事件总会有一个好的结果。我注意到这一点，我经历的坏事总能变成好事，只有个别例外。

我的童年生活并不理想，但我态度积极，绝不把这归咎于命运不佳。我采取积极的生活态度。我采取行动，而不是坐等事情发展到不可收拾的地步。困难的童年岁月使我更加坚定地去生活，追求我想得到的东西。

我从医学院毕业之后，斯坦福、耶鲁和约翰·霍普金斯三所大学都同意我去住院实习。结束实习之后，我同一个小医院签订了一份合同，担任病理医师。开始工作前的一个星期，我卖掉了大部分家具，只留一小部分运到新家。恰在这个时候，医院院长来电话说，那家医院已卖给了一家大公司，他们对医院没有了控制权，因此合同只能作废。没了合同，我也就没了工作。心中的烦恼就别提了。后来我发现圣弗朗西斯科湾地区有家医院正在积极招人，想使该地区成为一个新兴的迅速发展的医疗中心。我从来没有想过改变行业，但我还是申请了，结果被接受了，有了新的工作。现在我在这个岗位上干得很顺心，想不出还要去换别的什么工作。回想起来，我其实并没完全丢掉病理这一行业。但如果我老守着那条道路走到黑的话，生活就很可悲了。因此看上去是一场灾难的事，会变成很有意思的事。

我进行的许多面谈还肯定了这样一个观念，即幸运者会探索新的方法来解决生活中的问题。在第四章里我谈到乔纳森是如何通过沉思这一手段来增强他在工作中的直觉的。我在本章前面还讲到人们都知道他有把坏事变成好事的本事，不沉溺于那些不幸的事。我在同乔纳森面谈的时候，他还告诉我说，他如何面对失败而绝不退缩，如何寻找新的方法来解决问题：

我那个德国籍的祖父说过这么一句话，翻译过来大致意思是"我们这个家来之不易，但它毕竟成了一个家"。我总是对孩子说，不要放弃，你们必须付出，这样才会有结果。我想我得了祖父的真传——只要有百分之一的希望，我通常会继续干下去。我处事还相当灵活。我不认为自己是个富于创新的人——我在音乐和艺术方面天生不是一个富有创新的人。但我有意做到一点，就是不能只朝一个方向考虑问题，不能思路过窄，而要从各个侧面去想问题。我不怕引起别人注意，解决问题，不必只有一条直路，还可寻找一些异乎寻常的、迂回曲折的办法来解决。

艾米丽的故事

艾米丽如何把厄运变成好运的故事，可能很有说服力。艾米丽四十岁，来自加拿大的不列颠哥伦比亚省，现在在宾夕法尼亚一家出版公司工作，她认为自己的好运都来自生活中糟糕透顶的厄运。

我还是个小姑娘的时候，父母就一定要我参加一个女性的组织，就是像女童子军那样的组织。加入组织的仪式是在当地教堂的主厅中举行的。那儿有堵墙，有三十五英尺高，很容易攀登。我决定显示一下自己的能耐，就爬上了墙。就在我爬到顶端的时候，忽然听到墙上钉子松动的声音。这就像恐怖片那样：四只钉子从墙上松开，我被摔到了地上。本来我是会被摔死的，但结果只是撕裂了我的脚。我有半年时间无法下地走路，但毕竟我没被摔死。

艾米丽到三十二岁的时候，她在不列颠哥伦比亚省的一个画廊工作。一天晚上，她摸黑骑着自行车回家，来到一条偏僻巷子的时候，迎面驶来一辆没有前灯的汽车，直接向她撞来，正好撞到自行车的前轮上，整个车都翻了过来，从她头上滚了过去，汽车一溜烟地开走了。艾米丽的头部伤势严重，但她再一次死里逃生，厄运变成了好运。

在不列颠哥伦比亚省，政府负责汽车保险，因此尽管我没能找到肇事驾驶员的驾照号，我还是能够向法院起诉的。我因此得到了三万加元的赔偿。我早就考虑要改变一下生活了，这笔钱使我有可能做出这一安排了。我离开加拿大，来到了美国，设法在出版界找到一份工作。于是我从死亡线上回来，过上了新的生活，就像凤凰浴火重生那样。

在艾米丽的生活中，此类事故一次又一次地发生。她碰上这些厄运，真是十分不幸，但她对厄运的态度和采取的行动，使她能把过去的经历变成好运。

那还是春天的时候，我的膝盖骨给碰坏了，但我没有医疗保险。我连路都走不了，一根拐杖拄了五个月。别人见到我都说："哦，我的天哪。你还住在三层楼的那个街区！"我则说："没事，我可以到处坐坐，休息几个月，这还真的不错。想过来看部影片吗？"我并没因为膝盖坏了不能跳舞和骑自行车而自怨自艾，相反，我依然高高兴兴地做着能做的一切。

我有应对厄运的办法。我会想，好吧，我就这么躺着，想想问题。或者我还会想些积极的办法来改变自己的命运。过去，我为遭遇的厄运焦虑，常会从梦中醒来，呕吐、恶心、无意识，第二天就神思恍惚，什么事也干不了。不过这对我来说也是个训练的过程。当我在黑夜中醒来，惊出一身冷汗的时候，我就会对自己说：现在是凌晨四点，你什么也做不了。即便做了什么，也毫无用处。所以先平心静气，好好睡觉，别老牵挂这些事情。

　　我生活中的一些好事都是从坏事转变过来的。随着年龄的逐渐增大，我也不会再像以前那样拥有许多机会了。但我也担心，如果我不保持那种迎着风险打拼的精神，我就可能得不到这种风险所给予的丰厚报酬。因此我在试着寻找一种快乐的既能进行试验、又能进行冒险的环境，从中寻得适合自己的机会。

　　命运就是命运。人们称这是好运，这是厄运，但对我来说，命运就是命运。命运好坏是由你自己选定的。

　　幸运者采取更为积极的态度来对待厄运。他们付诸行动，坚持不懈，思索各种不同的解决办法。所有这些都有助于把将来可能遇到的厄运降到最低程度。

正能量练习14：你的幸运图表——法则之四

　　现在我们回到你在前边填写的幸运图表上来。调查表中的第9、10、11、12四项同本章所讲的准法则有关。第9项问的是你给生活中积极面的打分。第10项问的是你能否从长远的观点来看待所讲的厄运。第11项涉及你对过去的失败沉溺到什么程度。第12项则是检查一下你能从过去的厄运中吸取经验教训的程度。

　　评分：

　　回顾一下你给这四项打的分，然后再把这个数相加，得出一个总分。这就是第四条幸运法则的分数。

陈述	你的分数 (1~5)
9. 不管出什么事，我都愿意看到其光明的一面。	5
10. 我相信，从长远来看，即使是消极的事也能转为好事。	4
11. 我不想长期沉湎于过去那些不成功的事。	5
12. 我试着从过去的错误中吸取经验教训。	4
第四个幸运法则的总分	**18**

现在再来看一下下面的图表，你的得分是处在高档得分一段呢，还是中档得分一段，或者是处在低档得分一段。在你得分的地方做一个记号，然后写进你的"运气日志"。这在我们讨论如何增强你的好运的时候，是很重要的参考数字。

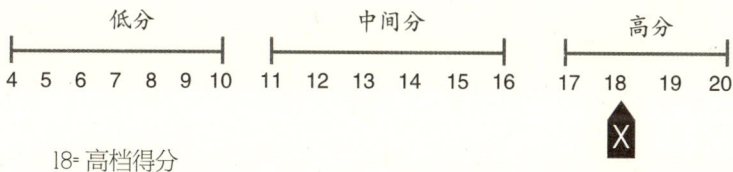

```
    低分              中间分              高分
├────────┤    ├──────────┤    ├──────────┤
4 5 6 7 8 9 10  11 12 13 14 15 16  17 18 19 20
                                      X
```

18=高档得分

我让许多幸运者、不幸者和居中者来填写这张幸运图表。幸运者比其他两部分人填的分都高，不幸者则倾向于填最低的分（见下图表）。

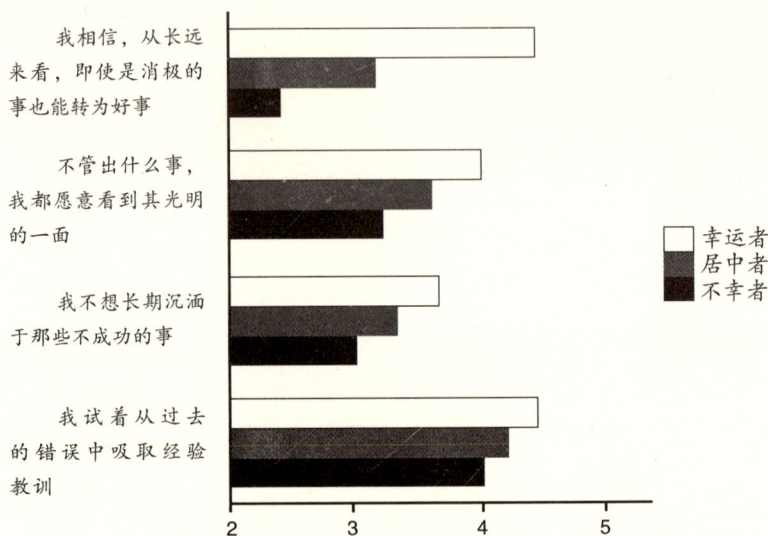

幸运图表上幸运者、居中者和不幸者的平均得分

结语:
厄运中的正能量

　　幸运者并不是天生就具有一种魔力,能把厄运变成好运。他们常常是在无意识的情况下运用四种心理手段来克服厄运所带来的麻烦,甚至在克服这厄运的基础上取得更大的发展。**首先,幸运者设想一下事情将会坏到什么程度,并同那些比自己还要不幸的人相比,从中得到宽慰。其次,他们从长远看问题,想到厄运中总会出现积极的一面。第三,他们不沉湎于自己遇到的厄运里。第四,他们总认为自己有办法来改变这**

种厄运——他们坚持不懈，从各个方面来考虑解决问题的办法，并能从过去的错误中吸取经验教训。所有这些手段加起来，就能刺激正能量的生成，这也说明他们为什么能应对厄运，并因此取得发展。

法则之四：变厄运为好运

幸运者能把厄运变成好运。

准法则：

1. 看到坏事的积极一面。

2. 相信总会时来运转。

3. 不沉溺于厄运的悲痛。

4. 采取措施避免不幸。

增强你生活中的运气

下面的一些手段和练习会帮助你把厄运转变成好运。从头至尾好好读上一遍，想一想如何把这些手段融入你的日常生活中去。在第八章里，我将系统地谈一下这些手段是如何最大限度地增加生活中的幸运成分的。

1. 从厄运中看到积极的一面

幸运者愿意看到厄运中的积极一面。他们会想到事情还没到更糟糕的地步。回忆一下马文从楼梯上摔下来，扭了脚腕，还把这当成好事，因为他想如果扭断了脖子那才叫麻烦的事呢。幸运者还把自己同更不幸的人相比。回忆一下米娜，她拿自己同那些二战中有着可怕经历的人相比，从而缓解了厄运对自己的影响。试着想想马文和米娜，把眼光放到事情的光明一面。

推荐练习

从废物中觅宝

我曾让幸运者谈一下他们是如何从经历的厄运中看到光明的一面的。下面是他们谈得最多的观点：

★想一想在这种情况下可能会出现的更糟糕的事。你可能经历过一场交通事故，但起码你没有死于车祸。你可能在一次重要的约见时迟到了，但你毕竟还是去了，没有耽误见面。

★问一下自己，不幸的事件是否就那么重要。你可能没得到晋升，但这就真的影响你生活中的重要内容了吗？比如影响你的身体健康了吗？影响你同别人的关系了吗？你可能丢了钱包和信用卡，但这对你的整个人生计划来说又占多少分量呢？

★同那些还不如你的人比一下。你的背可能有些毛病，但比你病重的大有人在。同他们相比，你的痛就算不了什么了。

遇到厄运的时候，就运用上述手段使自己得到宽慰。

2. 回忆一下你遭遇的厄运所导致的最佳结果

　　如果厄运来临，幸运者也能从长远的观点看问题。他们期待事情向好的方面转化。回忆一下约瑟夫为什么认为坐牢对他来说是一生中的大好事。像约瑟夫那样思考问题——从长远的观点来看问题，回忆一下厄运所导致的最佳结果。

推荐练习

成为浴火重生的凤凰

　　许多经历了可怕事件的人说，从长远来看，这种可怕经历帮助他们重新估价自己的生活，认识到诸如家庭和朋友这样的事是最重要的。坏事发生之后，先冷静下来，好好想想厄运中可能会引出什么好的结果来。要乐于创新，想出办法来，使厄运成为通向好运的一块必要的跳板。我们这样设想一下，你去参加了一个工作面试，结果被一口拒绝了。但你仍在人才市场，这就意味着你还可申请其他工作，甚至能找到一个比上次遭拒绝的更好的职位。或者你参加了一个聚会，人家给了你一个改变生活的机会，你因此将会有所作为。

　　现在再问你自己两个问题——有什么证据表明不存在这些积极因素呢？有什么证据表明你面临的厄运中就一点积极因素也没有吗？回答应该是否定的。你还不知道你的未来是个什么样子呢。有一点是肯定的，即只要你不被厄运压垮，事情就一定会向好的方面转化。

---

3. 不要沉溺于厄运之中

幸运者不沉溺于自己遭遇的厄运，而是着眼于过去的好运，以及将来会遇到的好事。如果你遭遇厄运，尝试着不要沉溺其中，要着眼于将发生些什么。

推荐练习

转移你的视线

一些幸运者说，在遭遇厄运之后，他们发现有必要先用半个小时或稍多一些时间把一些消极的情绪发泄出来——可以哭一场来发泄，可以朝着沙袋猛打一阵来发泄，或干脆到一处旷野大声喊叫一阵——但所有的幸运者都认为，更重要的是不要长期沉溺于自己的厄运之中，不能自拔。这里给你指点一些把注意力从厄运中转移出来的方法。

★去健身房——锻炼是使你忘掉烦恼的有效办法，不但如此，还可提高你的情绪。

★看一场逗乐的电影——选一部能使你开怀大笑的影片，并设法把自己融入其中。

★用二十分钟的时间想想过去遇到的好运，即那些让你快乐的事。如果可能的话，还可以把那些记录了快乐时光的照片翻出来欣赏一下。想想当时的情景及感受。

★听听音乐——当然要选那些让你感到快乐的音乐，设法使自己融入其中。

★安排一下去看看朋友，谈谈彼此的生活近况。

4. 采取建设性的步骤，避免厄运的再度发生

幸运者采取建设性的措施来处理生活中出现的问题。他们不求助于迷信活动，而是坚持不懈，从过去的错误中吸取经验教训，思索新的和富有创造性的办法来应对生活中的厄运。不要像不幸的谢利那样，她开车老出事故，但从不考虑改进驾驶技术，因为她把这些事故的原因归咎于那几辆不吉利的车上。要像幸运者那样，虽然工作面试失败，约会没有成功，但能从中吸取经验教训，以便再战。遭遇厄运时，要像幸运者那样，能控制局面，能以建设性的方法来处理问题。

推荐练习

解决问题的五大步骤

建设性地解决问题包括五大基本步骤。一旦遇到问题，遭遇厄运的时候，试着实践一下，看看会有什么结果。

★第一步：不要一开始就有束手无策的想法。首先要控制局面，不让自己成为厄运的牺牲品。

★第二步：要有所作为——不是等到下周，不是等到明天，而是立即行动。

　　★第三步：列出你要采取的种种行动。要有创造性。要跳出框框，试着从不同的角度去看待所处的环境。想出好的办法来。拿出尽可能多的解决办法，不去管这些办法是否愚蠢，是否荒唐。询问一下朋友，他们在这种情况下会做些什么。要不断地想出新的点子，越多越好。

　　★第四步：决定如何开始行动。要考虑每种办法的可行性。解决问题需用多长时间？你是否有解决问题的知识和本领？你一旦选定某种解决的办法，将会选到何种结果？

　　★第五步：也是最重要的一步，开始着手解决问题。有的时候，问题的解决需要时间，鲁莽行事是不行的。等待不要紧，只要这种等待是你整个计划中的一个组成部分，而不是因循拖沓就行。还有，要随着事态的发展，随时准备修改计划。这种自制力和灵活性是成功的重要组成部分。但重要的一点是你要开始着手找到解决问题的方法，而不是囿于问题，不能自拔。

幸运法则总结

幸运四法则和十二条准法则

法则之一：充分利用一切偶然的机遇

幸运者创造、发现和利用他们生活中的偶然机遇。

准法则：

1. 创造强大的"运气网"。

2. 时刻从容地面对生活。

3. 勇于尝试新的体验。

法则之二：相信自己的幸运直觉

幸运者运用直觉和预感，做出成功的决策。

准法则：

1. 直觉具有神奇的能量。

2. 尽一切可能增强直觉。

法则之三：永远期望好运发生

幸运者对未来的期待有助于实现他们的梦想和抱负。

准法则：

1. 对未来充满信心。

2. 机会渺茫也绝不放弃。

3. 善于经营人脉圈子。

法则之四：变厄运为好运

幸运者能把厄运转化成好运。

准法则：

1. 看到坏事的积极一面。

2. 相信总会时来运转。

3. 不沉溺于厄运的悲痛。

4. 采取措施避免不幸。

第三部分
实践正能量，创造全新的生活

The
Luck
Factor

正能量
②

挖掘幸运的秘密是个漫长却很有价值的过程。几千年来，人们认识到了幸运的重要性，但认为这是一种神秘的力量，用尽一切手段却遍寻不着。实际上，你才是自己未来的创造者，依照书中的方法，你就能收获生命中所有想要的一切。你所要做的只是秉持一种真诚的转化的愿望，一种以全新的方式来看待你的幸运的意愿。现在就行动起来，未来就掌握在你的手中。

第七章

揭开幸运的秘密

>>>>>>

　　我的调查研究包括一连串的实验、进行的数百场面谈、发出的数千份调查表。我设法揭示真正的幸运秘密。**幸运不是一种魔术力量，也不是上帝赐予的礼物。幸运是一种心态：一种思想方法，一种行为举止。人们不是天生就是幸运的或是不幸的，而是通过他们的思考、感受和行动才创造出许多幸运的或不幸的事来。**它告诉我们，有的人为什么生活幸福——因为他们遵循了四项简单的心理法则。第一项法则说明幸运者的个性帮助他们创造、抓住和利用看似偶然的机遇。第二项法则揭示幸运者是如何借自己的直觉，信赖幸运的预感做出成功的决定。第三项法则说明幸运者对未来的期望使其能坚强有力，能使预言自我实现，梦想成真。第四项，也是最后一项法则，讲的是幸运者坚忍不拔的态度和行为，能使厄运转化成好运。

　　越是深入研究这些调查材料，我越是深信，要解开这个难题还缺少一个部分。心理学不只是告诉人们如何思考、感受和行动，它更多的是讲如何变化和转化，讲如何帮助人们过上更快乐、更满意的生活。我研究得出的四大法则，能否用来增加人们的好运呢？它除了能解释幸运外，还能不能帮助创造幸运的生活呢？

人们花了数千年的时间来探求不断美化生活的有效办法。我们几乎可以从所有有史可查的文明中发现吉祥物、护身符和避邪物之类的东西。古代多神教中有触摸树木的宗教仪式，据说这就能得到仁慈而法力无边的树神的护佑。13 这个被视作不吉利的数字，是因为耶稣最后的晚餐中就餐的就是 13 个人。我们把梯子靠到墙上，就形成了一个三角形，这在人们眼里就成了神圣的三位一体。因此从这梯子下走过就破坏三位一体，是会带来厄运的。

一九九六年，盖洛普民意调查机构就是否迷信的问题对一千名美国人做了一番调查。百分之五十三的人说起码有一点点迷信，百分之二十五的人说多少有些迷信或相当迷信。另一项调查显示，百分之七十二的公众说他们起码有一件吉祥物。有理由认为，即使调查显示了这么广泛的迷信思想，其实还只是冰山一角，因为调查认为，还有许多人并不愿意承认他们有迷信思想。例如，一些调查就告诉我们，只有百分之十二的人说，他们在街上行走的时候，就避免从梯子下走过。一位英国的调查者就纳闷，就只有这么一些人有迷信思想和迷信行为？为此，他在闹市区的一面墙上靠放了一张梯子。他十分惊讶地发现，百分之七十以上的人宁愿冒险到马路上行走，也绝不从梯子下经过。

迷信思想和迷信行为是一代一代传下来的。我们的父母把这传给了我们，我们于是再传给自己的子女。问题在于为什么这总能代代相传下来。答案在于，幸运具备一种力量。在数千年的文明史里，人们认为好运和厄运能改变生活和命运；几秒的厄运能使多年的努力毁于一旦，而幸运时刻的来临能使你不劳而获。迷信显示人们意图掌握和改善这些捉摸不定的因素，迷信思想和迷信行为的长期流传，反映出人们想要增加好运的愿望。一句话，人们制造迷信，迷信又得以存留至今，是因为迷信向人许诺会得到最为捉摸不定的圣盘——增加好运的一种方法。

问题在于，迷信起不了什么作用。在前一章，我们谈到了不幸者而不是幸运者，倾向于从事迷信活动。其他一些调查者也对这些老掉牙的迷信思想做了一番测试，看看是否有效，结果发现并不令人满意。关于这一点，有一个我很喜爱的实验，这是一个叫马克·莱文的高中学生做的，相当奇特。在一些国家，黑猫挡道被看作是幸运的事，但在另一些国家，这是件不幸的事。莱文想知道，黑猫挡道是否真能改变人的命运。为此，他让两个人玩掷钱币的游戏，来决定幸运与否。下一步，他让一只黑猫从他们走的路前穿过。接下来，两个人再掷一次钱币。在这自己能"控制"的情况下，莱文又用一只白猫来做实验。经过多次投掷钱币，多次让猫挡道，莱文得出结论，不管是黑猫，还是白猫，对参与者的命运都起不了什么作用。

迷信之所以起不了作用，是因为这种思想既已过时，且无正确性可言。迷信起源于这样一个时代，当时人们认为，命运是种奇特的力量，只有具有魔力的仪式或怪异的行为才能控制。我的调研揭示了幸运生活背后的真正秘密，并因此想到能否利用这一研究来增加人们生活中的好运。有没有可能使不幸者过上幸运的生活呢？有没有可能使幸运者生活得更加美满呢？

几年前的除夕之夜，我站在伦敦泰晤士河的岸边，周围有数千人在庆祝新千年的到来。随着子夜的临近，我想到是否有更科学的办法，来解决这个困扰人们数千年的问题。我想看看能否创造新的办法，帮助人们走向幸福的生活。我心中想到的方法绝不包括手指交叉、触摸树木和避开梯子之类的东西。我要做的是让人们把幸运四法则融入他们的生活。现在是要鼓励人们把吉祥物从口袋中拿出来，把它注入心田的时候了。

我决定实施一项计划，看看能否让人们像一个幸运者那样思考和行动，从而成为一个幸运的人。我想把他们送进"幸运学校"，看看他们能否按着你在前面读到的法则和手段，改善自己的幸福生活。

这一计划包括两大部分。首先，我一个一个地会见参与这一计划的人，向他们解释这一异乎寻常的研究性质。我还给他们每人发一本《运气日志》，里面有许多调查表和练习题，这些你在前面几章中早已看到了。然后，我让他们完成三张调查表。第一张是本书前面的那张"幸运图表"（运气概况）。该表要求他们围绕幸运准法则的陈述，按不同意到同意的程度打分。第二张是"幸运调查表"（运气问卷）。该表描述了一个幸运者和一个不幸者的情况，包括总的生活状况，还有从中分出来的五个方面状况，包括家庭生活、个人生活、经济状况、健康状况和事业状况。我让参与者围绕这两个总的状况，以及其中五个方面的状况，按从不同意到同意的程度打分。第三张是"生活满意程度调查表"。这也包括总的生活状况，以及从中分出来的五个重要方面的状况，还是家庭、个人、经济、健康和职业五个方面的内容。我同样要求参与者按其满意程度来打分。如果你做完了本书中所有的练习，你就等于完成了三张调查表。"幸运调查表"和"生活满意程度调查表"让我能准确而客观地掌握参与者幸运的程度和对生活满意的程度，然后再让他们把幸运法则融入他们的生活。

完成这些调查之后，我就与那些参与者面谈，讨论幸运在他们生活中的作用。我们谈论了各种不同的题目，内容包括：他们是否认为自己幸运或是不幸；幸运是否会对他们生活中的某一方面产生影响；他们性格是否直爽；是否有直觉的本能，等等。我还要求他们完成本书早已提到的许多练习，比如之前的"思考一下厄运"的练习和"对待厄运的态度"的练习。

最后，我阐述四项幸运法则和十二项准法则，进而解释道：幸运者是如何运用这些法则打造好运的，他们的性格是如何帮助他们创造、抓住和利用看似偶然的机遇的（法则之一）；幸运者是如何凭借自己的直觉和内心幸运的预感做出成功决定的（法则之二）；他们对未来的期望是如何使预言自我实现的，亦即梦想成真的（法则之三）；他们对厄运的坚韧态度是如何使厄运转化成好运的（法则之四）。我简要地阐述了每一法则的原理，并附上了我对不幸者和幸运者的面谈片段，以及我的调查和实验的结果，用以说明我的这些原理。总之，我对提供的情况都做了一个总结，你在本书前面几章里都已看到。

• 在这个计划的第二部分里，我在第一次一个一个地会见参与这一计划的人之后的一个星期，再次一个一个地会见他们。我向他们解释了你们已经看到的每一法则末尾附上的手段，要求他们在今后几个月里，把这些手段融入他们的生活。从许多方面来看，这是"幸运学校"中最重要的方面。为了让你对这一部分计划的架构有个清楚的了解，我们将在下一章里讲述这些内容，你就把自己当成一名参与者吧。

第八章

学会使自己成为幸运儿

>>>>>>

　　欢迎来到"幸运学校"。你已经看过前面所说的幸运生活的法则和准法则，还研究了一些实用的手段，使你像一个幸运者那样思想和行动。在这所"幸运学校"里，我要在今后几个月的课程中，使这些手段融入你的生活，看看是否能让你感到比以前幸运多了。为了检验这一课程是否有效，我将带领你经历五个阶段。我们来逐个讨论这些阶段。

第一阶段：
签订"幸运宣言"

　　这一过程的第一阶段是先签一份特殊的"幸运宣言"，即简单说明你想上完一个月的课程之后，把哪些手段融入你的生活之中。签署宣言其实就是回答一个问题：你是否准备花上一些时间，做出一些努力来增加你的好运？如果回答是否定的，那么就没有必要来上这课。我可没有什么魔棍，只要挥舞一下，就能使你立即获得好运。这是做不到的。不过，如果你起码有试试的心，想要改变一下你思考问题和行为举止的方式，那么我就请你把下面一段话抄到你的"运气日志"的新一页上：

我想使自己的运气更佳，我准备试着对我的思考和行为方式做些必要的改变。

现在请你在这份宣言下面署上自己的名字，谢谢。

第二阶段：
制作你的幸运图表

你可能还记得不久前填写的幸运图表，并给其中四个部分中的每一部分打分（见第三、四、五章末尾）。回过头来看看这些分数，然后复制一份放到"运气日志"新的一页上，填写该表。我在这下面附上一张样表，看一下你最后一张表的情况。

法则	你打的分	低／中／高
1.　充分利用一切偶然的机遇		

2. 相信自己的幸运直觉

3. 期待好运

4. 变厄运为好运

样表

法则	你打的分	低／中／高
1. 充分利用一切偶然的机遇	12	高
2. 相信自己的幸运直觉	3	低
3. 期待好运	11	中
4. 变厄运为好运	18	高

这张表让你能一目了然地看到你给幸运生活四法则所打的分。这也能帮你看到哪项法则你不想融入你现在的思想。当你想着改变命运的时候，表上反映的情况能帮助你集中注意那些你想融入生活的一些手段。

比如说，如果你给法则之二打个低分，那么你就得想一想该如何更多考虑一下直觉的问题。如果你给法则之三打了一个中间分，给法则之一和法则之四打了一个高分，那么你可能没有多大必要来增加生活中偶然的机遇，或增强你把厄运转变成好运的能力。

第三阶段：
把手段融入生活

我在每一项法则后面，概括了几种手段，列出了一些练习，让你像一个幸运者那样思考和行动。对于你在生活中需要增强的一项或数项法则，你就得看一下实施这一法则或这些法则的手段和练习。在你读这些手段的时候，认真想一想该如何在四周的课程里把这些手段运用到你的生活中去。比如，你需要增强你的直觉（法则之二），你就有必要做"探访洞穴中的老人"和"做出决定，然后停一停"两个练习，以增强你听从内心声音的能力。你还得试着做"让沉思发挥作用"的练习，这是增强你直觉的简单做法。

不过，如果你是想提高你对未来期望的程度（法则之三），你就得复习一下与这法则之下的准法则相关的一些练习（比如"肯定你会获得好运"，以及"设想一下好运"的练习），并把这些融入你的生活。

我对本书中的各种练习做一总结，以帮助你确定对你生活中最能起到作用的手段和练习。

正能量练习总结

法则之一：
充分利用一切偶然的机遇

1. 幸运者创造和保持一个强大的"运气网"

结交四个人（第 60 页）

联络游戏（第 61 页）

2. 幸运者从容地面对生活

放松，然后去做（第 63 页）

3. 幸运者乐于在生活中拥有新体验

掷骰子游戏（第 64 页）

法则之二：
相信自己的幸运直觉

1. 幸运者相信自己的直觉和预感

探访洞穴中的老人（第 93 页）

2. 幸运者采取措施增强直觉

让沉思发挥作用（第 95 页）

法则之三：

永远期望好运发生

1. 幸运者期望好运长存

肯定你会获得好运（第 135 页）

确定好运的目标（第 135 页）

2. 幸运者即使在成功机会不大的情况下，也力图实现自己的目标，面对失败也能坚持不懈

做一个成本效益分析（第 137 页）

3. 幸运者期待与人交往获得好运和成功

设想一下好运（第 139 页）

法则之四：
变厄运为好运

1. 幸运者看到坏事的积极一面

   从废物中觅宝（第 176 页）

2. 幸运者相信总会时来运转

   成为浴火重生的凤凰（第 177 页）

3. 幸运者不沉溺于厄运

   转移你的视线（第 178 页）

4. 幸运者采取建设性的步骤，以避免再度出现不幸

   解决问题的五大步骤（第 179 页）

第四阶段：
写下"运气日志"

迄今为止我们讲到了获得幸运要经过的三个阶段。在第一阶段，我让你写一份宣言，表示你愿意生活中有所改变。第二阶段，我们回顾了你的幸运图表，从中确定你从哪一条法则中最能够获益。第三阶段，我

们讲到了实现这一转变的一些手段，还有一些练习。它能帮助你像一个幸运者那样思考和行动。现在我们进入了第四阶段。这是整个进程中的一个关键阶段，讲的是如何写好日记，记下在下一个月的课程中遇到的好运。

在"运气日志"的后三十页上标上从一到三十的页码。每天结束之前，花上一些时间，记下遇到的好运。不必长篇大论。尽量记下每一件好事。记住，既要记重要的事，也要记看上去微不足道的事。

每天早晨起来，回忆一下前一天经历的好事。

第五部
最后的思考

我在结束每一课程的时候，有下述两种想法。

第一：一步一个脚印地前进。创造幸运的生活需要一段时间，可从接触更多的人开始，再听听你的心声，再提高一下你对未来的期望。大约一个星期之后，你就可能遇上新的好运。这对改变你今后的生活将起到催化剂的作用。这些小事有助你像一个幸运者那样去感受、去思考、去行动。进而，它将在你生活中多少融入这些幸运的法则和手段。这样，这个进程就会继续下去，渐渐地你会成为一个更幸运的人。

第二：如果说你在过去几年里学得了一些东西的话，那么这就是：幸运者经历的好运并不是上帝的微笑所赐，也并不是你天生幸运的缘故，而是幸运者在无意识的情况下培养的一种思考方法，这种方法能使他们特别快乐，特别成功，对生活特别满意。实际上，这种手段是如此有效，有时会让人认为，他们是天生的幸运儿。但往深里想一下，他们同常人没有什么两样。再深入想一下，你就会发现，他们同你没有什么两样。现在，既然你已知道了他们所用的手段，我想，你肯定也能像他们那样感到幸运。

要做到这一点，无非就是花上你在幸运宣言里许诺要付出的一些努力而已。这些努力是正能量产生的关键，你是自己未来的创造者，努力是创造你生命中所有想要的事物的最佳工具。

第九章

打造全新的自己

>>>>>>

　　一些参与我这项实验的人在幸运学校上了四个星期的课，按要求来改变他们的思考和行为方式。这之后，我一个一个地同他们见面，并就他们的变化做了长谈。在这最后一次面谈中，我请他们重新看一下写的"运气日志"，正确估计一下他们的好运是增加了呢，还是减少了，或基本没有什么变化。面谈之后，我还让他们完成那张"幸运调查表"以及"生活满意程度调查表"。我能按几种不同的方法来分析这一计划的成效。首先，在这最后一次的面谈中，每一个人都会向我谈及一些幸运法则对其生活产生的有趣影响。其次，我把他们第一次在"幸运调查表"和"生活满意程度调查表"上打的分，同最后一次打的分做一比较，以此做出客观的估计：他们是否变得更加幸运了，他们是否对生活的各个方面更加满意了。

　　本章概述了"幸运学校"结业之后的成效。一些参与者的名字以及他们早先的经历，都是在本书前面几章里提到过的。你在后面读到的另一些人的情况则是第一次出现在这里。

帕特里夏：
摆脱不祥的阴影

　　帕特里夏今年二十八岁，是第一个进入"幸运学校"的人。第一次见面的时候，她就说从记事起就一直过着不幸的生活。

　　几年前，她成了一家有名的航空公司的机组人员。不久，她在同事中就得到了一个"不祥之人"的恶名。她第一次登机服务，就碰上有一家子在飞机上喝得酩酊大醉，大发酒疯，飞机不得不临时着陆，以便把他们送下飞机。过了不久，她服务的飞机又让雷电击中了。几个星期后，她所在的飞机降落时制动系统又出了毛病，结果是救火车纷纷赶来，才免除一场灾难。

　　帕特里夏的厄运还影响到了生活的其他方面，特别是交通方面。她那辆崭新的车停在停车场时，让其他三辆车撞了个稀烂。她用这辆撞坏的车去换了第二辆车，却在倒车时撞上了街上的信号标志。她像许多不幸的人那样，总因交通上的问题耽搁时间。她因此深信有一个恶魔在左右着她的行动，她周围的人也因此跟着倒霉。帕特里夏现在根本就不指望自己会有好运，她的根据就是这种厄运使人在工作时失败，在考试时不能通过。我在第一次与帕特里夏面谈的时候，请她谈谈碰上厄运时的感受。她说：

> 我就想，老天，怎么又碰上了？怎么好事就轮不到我头上呢？木头是我的克星，只要不小心摸一摸，就得祷告半天：千万别碰上倒霉的事。上商店购物就更不幸。我就是那类人，就是说，在商店看到称心如意的衣服，要么没有我的尺码，要么就是有脱线等问题。

我还问过帕特里夏，她是否想过会时来运转。她可不敢肯定，说是有人天生就是不幸的，只能听天由命。她的幸运图表，还有我同她的面谈，都显示幸运四法则的分打得都很低。

当我问起她交朋友和同朋友保持接触的事时，她说刚从别处迁来，认识的人不多。她还谈到与许多朋友分手的事，说不会同人们保持长久的联系。

帕特里夏像许多不幸者那样，说是对某事有种直觉，但常常不能按直觉行事，接下来就追悔莫及。这一点对她生活所产生的负面影响最突出的例子，可能就是她第一次同男友的交往。

> 我想我可能在一个错误的时间，在一个错误的地方，遇到了一个本不应该遇到的男人。我同他相处了四年半的时间。他是个控制狂，狂到我穿什么都得由他决定。我同他交往之前他就有了这个恶名。我同他接触两个星期，朋友就告诉我不能同这类人交往，并在后来的两年中不断

提醒我这一点，最后看我无动于衷，只得放弃对我的忠告。我在这个问题上确实有种直觉，但总是拿不定主意。我对自己的直觉就是那么不自信。

帕特里夏认为将来也不会有什么好命，因此就不想同厄运抗争。我把我调研中问过别人的一些问题拿来问她，比如我问她，三次约会失败之后会有什么想法。她给予的是典型的不幸者的回答：

如果我约会失败，我会躺在地板上大哭一场，觉得无人相助。遇到什么事情，我就想到此事不好的一面，心里老是想着这些东西。半夜醒来，就会想起事情不好的一面，想起十年前的事，后悔当时怎么会说那样的话。

在第一次面谈结束的时候，我让帕特里夏填写那张"幸运调查表"。该表描述了典型的幸运者和不幸者的情况，我让她在1（我不属于这类状况）和7（我很像这种状况）这七个等级上确定自己所属的等级。在典型的幸运者状况里，她把自己列入第二等级；在典型的不幸者状况里，她把自己列在第六等级。为了得到总的"幸运分"，我从她给幸运者状况打的2分减去给不幸者状况打的6分，这就得出了帕特里夏的幸运分-4分，这表明她属于不幸者行列。

帕特里夏接着填写"生活满意程度调查表"。这是让她对总的生活状况，还有从中分出来的方方面面的状况——如健康、经济、家庭生活

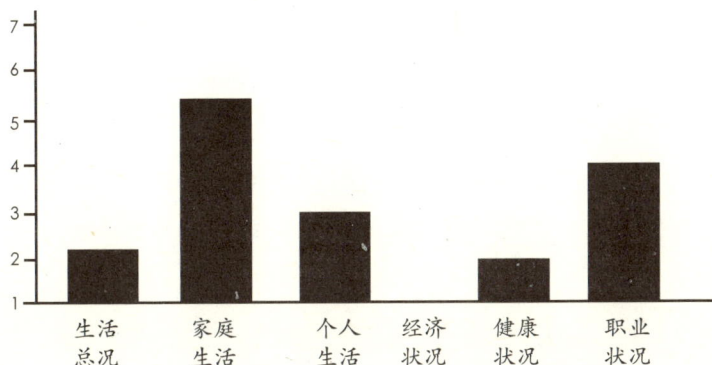

帕特里夏参加"幸运学校"之前填写的生活满意程度表

等——的满意程度，在1（非常不满意）和7（非常满意）之间打一个适合自己状况的分。上面的图是她对各项打的分，表明她对生活的许多方面都不满意。

在第二部分，我解释了某些有关幸运的观念，她同我讨论了能否把一些简单的"幸运"手段融入她生活的问题。我们谈论了听从内心的声音（法则之二：准法则1），期待好运（法则之三：准法则1），以及如何避免沉溺于厄运之中（法则之四：准法则3）的重要性。

一个月后，帕特里夏回来同我再次见面。她看上去快乐多了，也放松多了。她高兴地告诉我说，她的命运有了极大的变化，有生以来第一次事事都随自己的心愿进行。她说：

我把你说的铭记在心。我确实把你说的铭记在心了。我本来认为这是不可能做到的，但结果竟做到了。它改变了一切。我觉得我成了另一个人。真是不可思议。现在已没有什么厄运可言。这对我来说真是一大变化。

咱们的谈话让我看到，我以前想的完全不同。我没有想过别人会觉得自己幸运。我没想到他们会那样来思考问题。我的眼界打开了，我因此想："我没有理由不这么想。"随着时间的推移，好事接连出现，坏事越来越少。这开始产生了实际效果。开始是一些小事，但这些小事让我感受到了生活积极的一面，我于是开始接纳这些东西。

第一周，我去买一件我前几个星期就已看好的上衣。过去我买东西总是不顺，因此一去购物心中就犯嘀咕。我想这件衣服可能早就给卖了，但还是决定亲自去看一看。于是我就去了商店，发现上衣仍挂在那里。商店就只剩一件了，不过还就是我要的尺码，我于是买了下来。这种事以前可从来就没发生过，这次可以说是史无前例的。过去我常赶不上公交车，但那个星期，我每次来到车站，发现车就在那里。现在我总是能赶上公交车，真是不可思议。

第一个星期过去之后，我就想，可能也就这个星期碰巧了吧。让我吃惊的是，这种状况竟然还在继续下去。事情就这么发生了。这使我的生活发生了很了不起的变化。

就像其他的日子那样，我父母突然给我买了一台电脑，不过里面缺了一些东西。按过去的做法，我就把它撂到一边，不再过问。但现在，我决定要把这不好的运气变成好运。我决定到镇上走一趟，把缺的东西买回来。我在一个很是繁忙的星期六开车前去，竟然立即就找到了一个停车位。走进商店才发现我没带现金。我转了一圈，发现有一台取款机。我到商店的时候，商店工作人员正准备关掉取款机，我立即上去向他讲明情况，这位工作人员还真让我使用取款机了。这样，我就买回了电脑短缺的部件。真是那么凑巧，这是商店仅剩的部件。这种事情过去从来就没有过。真是令人不可思议。惊讶之余，我把此事告诉了每一个人。

帕特里夏设法把法则之二和法则之三融入她的生活之中。她谈到听从内心的声音和对未来充满期待在促使她变化的过程中所发挥的重要作用。

我因此试着更多地按直觉来行事：花些时间听从内心深处的声音。我去电脑商店之后的第二天，心中闪过了一个念头，要把在电脑上写的东西保存一下。我刚保存完，电脑忽然出了毛病。幸好我写的东西保存了下来。因此说，刚才的一闪念真是积极的想法。

对未来充满积极的期待也是很有用的。开始的时候，我强迫自己从正面来思考问题："今天肯定是个好日子。"但过了一会儿，我又不那么想了，因为你在下意识里又不知不觉地滑了回去。但随着时间推移，我越来越习惯这样思考问题了。我的男朋友和我的父母都发现了这种变化。现在，我对未来更加乐观，这使我惊讶不已，因为乐观真是我取得的一大成绩。它产生的效果是惊人的。我不再认为自己是个不幸的人了。

帕特里夏还发现，不一味沉溺于自己的厄运，控制自己，从消极的事情中看到积极的一面，所有这些做法都缓解了厄运对自己情绪的消极的影响，帮助她采取一种更富成效的态度来对待遇到的厄运。

我设法扭转厄运造成的局面。我不再迷信，不再来回触摸木头。

厄运仍在发生。我的车又坏了，电视机也坏了，但我不再在这些琐碎小事上花很多精力。就是说我不再老是想着这些倒霉的事。由于这些厄运不再过多牵涉我的精力，我的状况就发生了变化。过去，我会赶不上公交车，有时会发生一些事情，结果是一大堆麻烦事的来临，于是就愁得不知如何是好。现在，我如果赶不上公交车，我就想这不是什么了不起的大事，这同我生活中的重要事情相比根本微不足道。我干脆就不去想。这样我就更好地控制了自己的情绪。我想我根本就不应该让这些事情来左右自己，我不能听天由命。

过去车坏了，还没考虑如何解决之前，我就会想："怎么这种事老发生在我身上，别人怎么就没遇上这种事呢？"现在我想的是："坏就坏吧，想想解决的办法吧。"这就是积极的态度，就是建设性的做法。我想的是："好吧，咱们来解决这个问题吧。得先把毛病找出来，不至于老想着此事。老想着车坏了也解决不了问题。现在得解决问题。"

几个星期之前，我需要一套服装，去参加一个舞会。于是便去商店，还真找到了我所喜欢的服装，不过当时并没把它买下来。当时的想法是："我过一个星期之后再来买。如果衣服还在，说明我通过了幸运测试，我就把它买下来。"于是过了一个星期之后再去商店，却发现那套衣服已经卖掉了。要在过去，我会极不痛快地冲出商店，一脸的不高兴，觉得真是倒霉，可能连舞会都不去参加了。但现在，我试图从中看到光明的一面，因此这么来思考问题："可能还有别的服装吧。"这么一想，我就到处搜寻，还真找到了一套更好的衣服，价钱还便宜，真是难以置信。我的高兴劲儿就不用说了，参加舞会的时候，心情也非常好。

幸运学校结业的时候，我让帕特里夏回想一下学习之前她的幸运程度，再估计一下现在的幸运程度。帕特里夏说，她的幸运程度提高了百分之七十五。最后，我让她最后一次填写"幸运调查表"和"生活满意

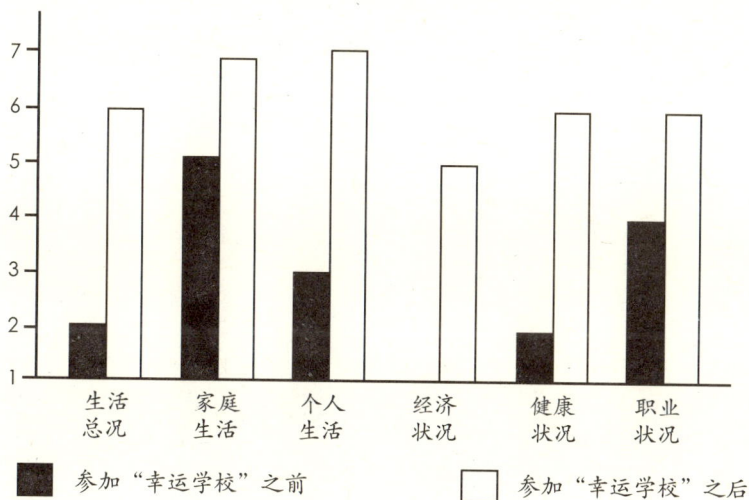

帕特里夏生活满意程度调查表上的得分

程度调查表"。在参加这项计划之前，帕特里夏的幸运分是 -4，现在则上升到了 +3。帕特里夏从一个不幸者变成了一个幸运者。可能更为重要的是，她在最后一张"生活满意程度调查表"上打的分显示，她现在对自己生活的方方面面都非常满意。

卡罗琳：
关注事物的光明面

卡罗琳上"幸运学校"的第一个星期，谈到了她事事不顺的情况。

我得想方设法不让 3 这个数字出现。9、12、16、24 可以出现，但 3 不行。因为一碰到就会倒霉。有一次，3 天之内就发生了一大堆不幸的事。我同 13 岁的女儿玩，结果在一个坑跌了一跤，其实我在玩之前就知道这里有个坑，但同 13 岁的女儿一玩就忘了。我的脑袋给撞了一下，背则撞上了一堵墙。我以为问题不大，还开车走了两百英里赶回家。那天晚上，我可就垮了，脑袋又撞了一下，得了个脑震荡。第二天早晨就去看医生，拿了些药。恰好药一天吃 3 次。看医生后的第二天，我在吃一口袋土豆片时磕了牙。因为吃药，还没法去医院收拾牙齿。接下来，我倒车的时候又撞在了一棵树上，车坏得厉害。到了星期日，我连动都动不了了。原来坐骨出了毛病，因为吃着治脑震荡的药，减轻了疼痛感，所以都没注意。结果我在床上躺了 3 个星期。我的生活就是这个样子。

我在爱情方面也很不幸。我的第一个男友脾气暴躁。谁都知道这个朋友交错了。在我怀孕 3 个月的时候就同他分手了，我可无法再忍受这种情况。我告诉他我怀孕了，他干脆地说带着孩子走吧。我再也没有见过他。接着我又遇到了另一个男友，又有了一个孩子。他是个白马王子，我被他搞得神魂颠倒，但我把他带到家中之后，他就露出了丑陋的面貌。他用生日礼物把我的鼻子打破了。

讲到我的经济状况，就更不幸了。我的姨妈患了乳腺癌，我照顾她整整 4 年。我们关系密切，曾经问过她是否同意我把她的房子买下来。我们商量了很久，觉得这是个好主意。我于是从银行贷了一笔巨款，逐月缴纳分期付款，以便偿还这笔债。填写表格的那天，姨妈看上去不太好，我立即带她去看医生。她不知怎么休克了，没法去律师那里签署转让房子的表格。两个星期后，我再次约见律师。恰好那天早晨她严重休克，再也没有全面恢复过来。这样，我既失去了姨妈，还失去了房子，经济状况一团糟。

我的不幸还影响到了周围其他的人，甚至动物。到去年年底，我的朋友突然死于淋巴瘤，我家的猫被压死在卡车轮下。除夕之夜，我琢磨着已到一年的最后一天了，该不至于发生什么坏事了吧。新的一年即将开始，应该能有一个新的开端了。我得让自己在新的一年里过得比头一年好。正在这时，我接到一个电话，我的表兄因为肺部让一个血块堵住，突然去世了。

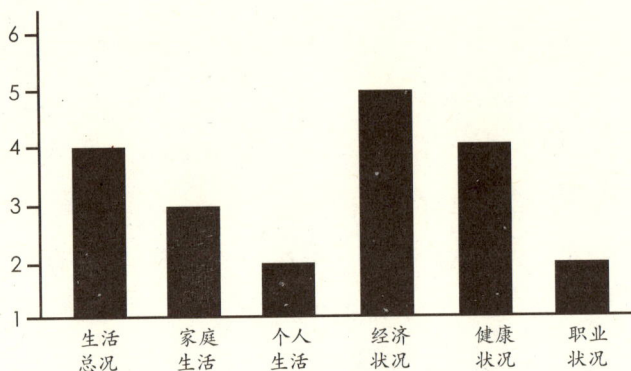

卡罗琳参加"幸运学校"之前填写的生活满意程度调查表

第一次面谈结束的时候，我让卡罗琳填写"幸运调查表"和"生活满意程度调查表"。她的幸运得分是 -3，她显然对生活的许多方面都不满意。

卡罗琳同我讨论如何把四项法则中的所有"幸运"手段融入她的生活的问题。她该如何培养一种对生活更随和的态度（法则之一：准法则2），如何期待美好未来（法则之三：准法则1），如何从厄运中看到积极的一面（法则之四：准法则1），以及如何采取建设性的步骤，以避免今后生活中出现更多的不幸（法则之四：准法则4）。

一个月后，卡罗琳再来见我的时候，就像换了一个人。她说：

我都对这些变化感到吃惊。刚开始的时候，我也不敢肯定会出现什么样的事情。几个星期之后，什么都变了。我变得幸运了，朋友都注意到了这种变化。我脸上笑容也多了，生活态度也积极多了，不再去想又要碰上什么倒霉之类的事了。这甚至对我最好的朋友都产生了影响。连他都不再认为我永远是个失败者。真是不错。总的来说，我是个幸运的人了。对此我真是高兴。回顾过去，感受真是大不一样。真的发生了变化。

　　卡罗琳像帕特里夏一样，发现运用各种手段来缓解厄运造成的恶劣情绪很有作用，并且能采取更为建设性的步骤来应对厄运。她说：

　　注意事物的光明面使我遇事不再那么发愁。开起车来也不像以前那么紧张了。我还避免了一些眼看就要发生的事故。我每天都走这条路，从学校把女儿接回家。我确实也紧张，也好斗。今天上午，一个女人差点就撞上了我。我没有恶语相向，相反，我没去理会此事，而是开车走了。我想："这样做才对。"我甚至还同其他驾驶员靠着椅子聊天，因此开起车来也就镇静多了，感觉也好多了。

　　几个星期前，我决定处理生活中的一些问题：通盘考虑一下如何来解决这些问题，而不是听天由命。我的房子坏了，于是就给房屋管理人员打电话。她没有回话，我于是再打过去。她还是没有时间答复我，说是她太忙了。我不想就此了事，于是继续打电话。我想这是我生活中的一大变化，这种变化的出现无非就是打了几个电话。后来我就打到他们公司总部，要同他们的负责人说话。他们把我的电话接到了公司负责人的人事助理那儿。我告诉了她我一肚子的不满。当天她就给房屋管理人员转述我的不满情绪。几天前，房屋管理处来了两个人，答应给我的房子进行一番修葺。我找来了房产检测员和建造商。现在他们完成了庭院内的工作，接下来就将把整栋房屋整修一新。为这房子的修葺，我整整等了 3 年半的时间，到今天它才得以解决。过去我总是想事情只能这样下去了，所以总觉得自己是个不幸者；现在通过努力把事情解决了，所以感到异常幸运。

　　面谈结束时，卡罗琳说，她的幸运指数提高了百分之八十五。她在最后一份"幸运调查表"上的得分从 -3 上升到了惊人的 +6，下图的"生活满意程度调查表"也显示她生活的所有方面都有了极大的改善。

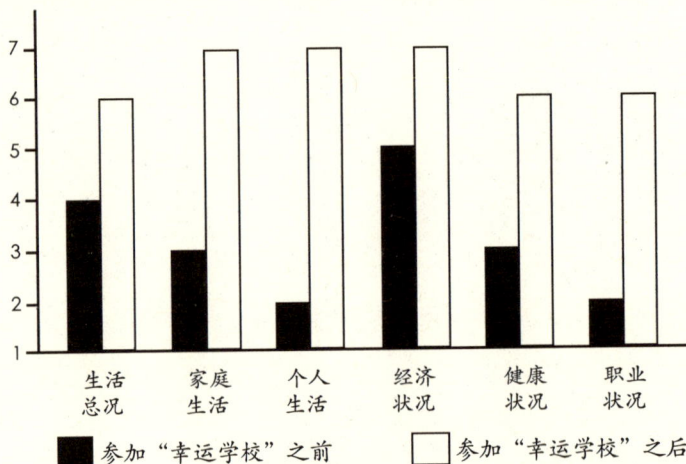

生活满意程度调查表上卡罗琳的得分

其他毕业生

　　帕特里夏和卡罗琳是进入"幸运学校"中的许多不幸者的典型。

　　在这一计划开始的时候，罗伯特也认为自己是个不幸者。他经历了几次灾难性的假日，在比赛上也从来没有胜过。罗伯特决定从增多生活中偶然的机遇（法则之一：准法则之1、2、3）开始。几个星期后回来，他谈到了这一点是如何帮助他改变命运的。

　　抓住机遇确实很有用，因此我在任何时候都试着抓住一切机遇。我总是这么考虑问题："干吗不立即抓住它呢？"比如，有一天，我从一个电台里听到他们正在进行一场比赛。比赛规则是：凡第九个打电话的人得回答一个简单的问题，答出之后就能得到一张 CD 盘。第一次听到电台讲这场比赛，我没在意，但在电台第二次宣布这一比赛的时候，我就想："这是个机会，干吗不试一试？"我想不大可能赢，但过后又想："不就是打个电话吗，也就是多交一次电话费的事，而上电台该是多么酷的事呀！"于是我就拿起了电话。真巧，我的电话是第九个打进去的，电台就把我的名字播了出去，节目主持人问了我一个问题，我不假思索就答了出来，于是我得到了一张光盘。我真有一种被上天眷顾的感觉，因为在打进电话到他们宣布名字的过程中，有五分钟的耽搁，我就利用这五分钟给许多人打了电话，告诉他们说："快听，快听，我要在电台上回答问题呢。"

　　接下来的一个星期，一大早我就起来听电台的广播，他们还在进行着同样的比赛。这一次我给电台打电话就毫不犹豫了。第一次，我是第二位打进去的。我于是再试，结果又成了第九位打电话的人。他们又广播了我的名字，问了我一个问题。我又给了一个正确的回答，于是又得到了一张光盘。这种机会我过去从来就没有抓住过。

　　该项计划结束的时候，罗伯特已把自己看成幸运的人，他的幸运指数上升了百分之四十。

在第四章里，我讲到了玛丽莲的不幸生活。她仍沉溺在两次灾难性的婚姻关系之中，尽管内心的声音让她赶快结束这种状态，也无济于事。后来，她勉强答应进入"幸运学校"。几个星期之后，玛丽莲情绪高涨了许多，她说她的幸运指数上升了百分之四十。这一变化的出现就在于她更多地抓住了生活中偶然的机遇（法则之一），增强了对未来的期望（法则之三）。她说：

我决定掌握自己的命运，给生活增添一些色彩。我找到了一份新的工作，给一家杂志当广告顾问，我很喜欢这份工作。我还开始搞一些聚会。我还申请参加《电视实况表演》。他们让我摄制一段录像带，寄给他们。我设想自己是个幸运的人，构思了一段能吸引他们的段子。结尾是我爬进了一个大箱子，让人把箱子用一个大蝴蝶结给包裹起来。然后让人用摄像机把下面的情景录制下来："我从箱子里跳出来喊道：'嘿，你们看到了一段迷人的录像，你们看到了这个小组的第一个成员。'"录像带也就几分钟时间，可是能让我告诉他们一些有关我的情况，以及我为什么想参加表演，这也就够了。如果我能得到一次面试的机会，我就心满意足了。我估计自己做得不错。去年我也申请过，但当时感觉不好；带子也没录好，申请表也没填好。总之不太顺利。在我结交男友方面，事情进展得也很好。我第一次坐下来认真想了一下直觉会让我干些什么事情。我觉得与他相处很是主动。感觉因此非常好，我们不久就去巴黎。他在我生日那天出乎我意料地搞了一个生日聚会。这种甜蜜的关系真让我快乐，百分之百的快乐。

约瑟夫：
改变让生活更美好

　　我非常想知道能否让幸运者更加幸运，因此我非常高兴有幸运者前来参与我的计划。

　　在第三章和第六章里，我讲到了幸运者约瑟夫的故事，一个三十五岁的成年学生。年轻的时候，警察老是"光顾"约瑟夫，因为他总是不停出事。后来，他坐火车的时候遇见了一位心理学家，两人的一番谈话改变了他的生活。约瑟夫能深刻认识自己的行为，这给这位女心理学家留下了很深的印象，她说他能成为一位出色的心理学医生。约瑟夫决定掌握自己的命运。他研究了成为一名心理学医生应具备的条件，并毅然决定再回大学学习。他还具有变厄运为好运的能力。我在第六章里谈到了他是如何采取一种"长远"看问题的态度，来缓解厄运带来的恶劣情绪的，还提到他是如何把关进监狱当成一生中最幸运的事。他答应参加"幸运学校"的时候，正在大学攻读心理学学位，想毕业后找一份心理顾问的工作。

　　我们第一次见面讨论这一计划的时候，我让约瑟夫填写一份"幸运调查表"和"生活满意程度调查表"。不出我的意料，他的幸运得分为+5（见下图），他对生活的许多方面都很满意。在这种情况下，他能变得更加幸运吗？

　　当我谈到幸运者为创造好运所使用的手段时，约瑟夫立即看出他早

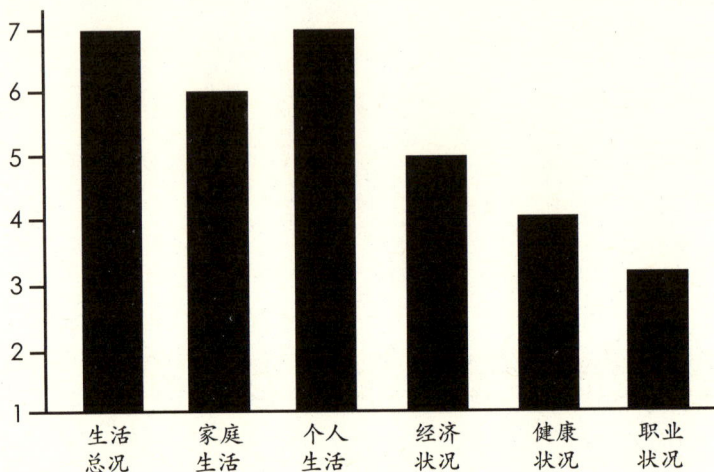

约瑟夫进入"幸运学校"前在生活满意程度调查表上的得分

就运用了这些手段，不过他还是同意在今后几个星期里更加有意识地运用这些手段。他尤其认为能从缓解厄运的影响方面（法则之四：准法则之1、2、3、4）获益。我们还讨论了他该如何更多地抓住生活中偶然的机遇（法则之一：准法则之1、2、3）的问题。

一个月后，我再次见到约瑟夫的时候，他告诉了我发生的一切事情。他先说他是如何设法增强注意厄运积极一面的能力的（法则之四：准法则1）：

我曾遇上一些倒霉的事，如果没能从中看到一些好运的话，就可能一蹶不振了。过去我多少能做到这一点，现在则更能做到了。我发现，厄运里面总会有一些好运冒出来的。

有一天我回到家中，我妻子要我同儿子谈谈，因为他在学校的自助食堂偷了一些食品，让人抓住了。这是他第一次干这种事，幸好他被人抓住了，所以我严正地告诉他，绝不能在这条路上滑下去。这样，发生在他身上的事，虽给家里带来了厄运，但因为及时制止，就转变成了好运。他第一次干这种事就被抓住是幸运的，因为我小的时候那么淘气，第一次却没人管我，结果我就有了一种不可一世的感觉，毛病就一犯再犯。

约瑟夫还设法抓住生活中更多的偶然出现的机遇（法则之一：准法则之1、2、3）。他说：

我过去几个星期的好运都集中在机遇上，开 只是些小事，但小事确实不断地在积累。有一天，我碰到另 我和他不熟，但还是想停下来同他聊聊天。我向他打了个招呼，他也问了我一声好。我告诉他我在上一门统计学的课程，但 不是十分理想。授课老师向我推荐了一些相关书籍。不过我到书店看过了，都太贵。这位朋友一听，就说他有那本书，可以送给我，因为他早就完成了这方面的课程。

几个星期前，我到停车场取车，在地上发现一张纸。按通常做法我是不会去注意的，但这次我把这当成一次机会。我用脚把纸踢起来，就当它是一张六合彩票，或其他什 东西似的。我反正是踢了一脚，发现纸下面是二十美元的钞票。我去捡来一看，嘿，是五张二十美元的钞票，一共一百美元，就躺在我的脚下。

另一个好消息是我成了人们物色的对象。有一个组织在帮助无能力学习的人融入社区。我在那里充当一名志愿工作者。另一个慈善组织听说我在搞这方面的工作，便给我来了一封信，说是他们了解我干的工作，希望我到他们那里接受这份工作，帮助那些虽能在社区生活但学习困难的人。我的工作就是去看看他们是否是这种情况。他们说，第一年可给我兼职性的工作报酬。这太适合我了，因为我一周只要工作四天，一天只要工作三个小时，这并不耽误我在大学的课业。这正是我一直想要得到的工作。

整个事情都很令人满意，超出我的期望。日子过得真是充实。我干什么都有一个好的结果，现在则更好了。一些人注意到了我身上出现的某些变化，他们也更愿意接近我了。

约瑟夫说，他的幸运指数上升了百分之四十。他的幸运得分从 +5 上升到了 +6，他在"生活满意程度调查表"上的得分显示，他现在对生活更加满意了。

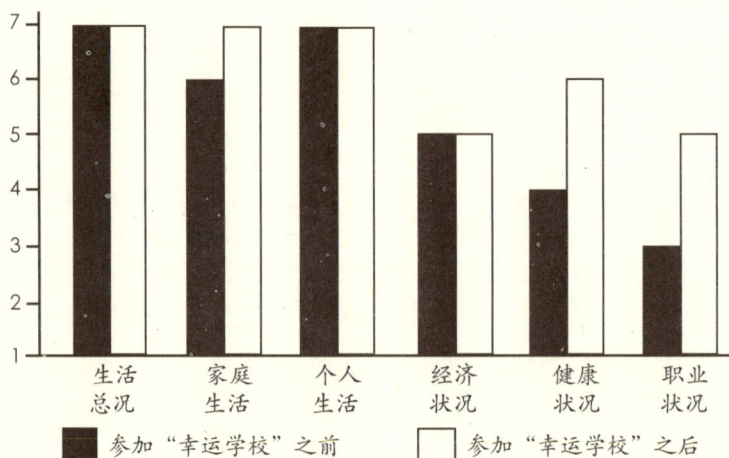

约瑟夫在生活满意程度调查表上的得分

结语

命运掌握在你的手中

总的说来，参加"幸运学校"的人员中百分之八十的人说他们的幸运指数上升了。平均来说，这些人估计他们的幸运指数上升了百分之四十。从"幸运学校"结业之后，他们的幸运得分显示，不幸者成了幸运者，幸运者变得更为幸运。最为重要的，可能就如下图显示的那样，他们对生活的方方面面都更满意了。

我以前对幸运的调查研究就预示，人们只要按着幸运者那样去思考和行动，就能在生活中获得好运。"幸运学校"表明这一预示是正确的。不幸者成了幸运者，幸运者变得更加幸运。学校只上了一个月的课，其效果就变得十分明显了。人们创造了更多偶然的机遇，做出了更幸运的决定，在实现他们毕生的抱负上，走出了重要的一步，掌握了把厄运转化为好运的方法。

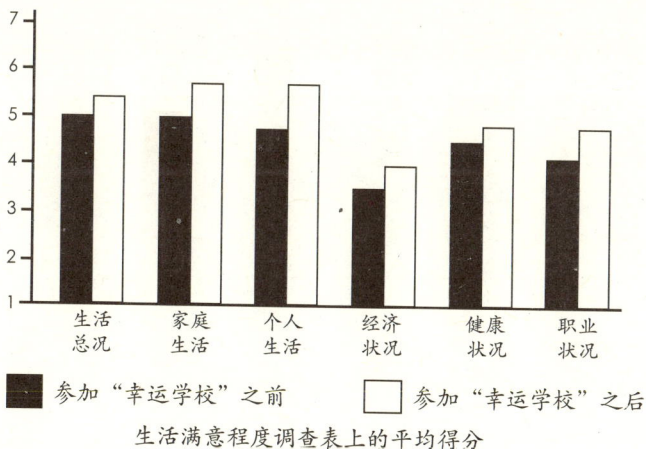

生活满意程度调查表上的平均得分

后记

走向美好的未来

在本书开头，我谈到我原先从事的魔术师职业是如何使我对学术性的心理学产生兴趣的。在我当魔术师的时候，我需要了解观众是如何感知这个世界的，为的是创造一些魔术手法来蒙住观众，让他们得到乐趣。现在，鉴于我已完成了对幸运的调查研究工作，我发现，我以前搞的魔术同我现在搞的调研有着极深的联系。作为一名魔术师，我让一些不可能的事变成了可能。物质消失在空气中，引力定律在这里失去了作用。人被锯成两半，接着又完好无损地出现在观众面前。几分钟内，世界变了一个样。同样，我对幸运的调研也显示了这种转化的潜在可能。它显示，人们是如何增加生活中的幸运成分的，他们是如何把过去留在后面，向着一个更为幸运，更令他们满意的未来前进的。

但这种转化又与我当魔术师时用的戏法不同，这种转化不是通过巧妙的手法而产生的转瞬即逝的东西。它基于四条强有力的心理法则，因此是永久的、真实的变化。它不带任何神秘色彩，也不需长年专心致志地去实践。它只要求对本书讲的思想有个坚实的理解，并有把这四项法则融入生活、过上一种幸运生活的真诚愿望。

挖掘幸运秘密是个很长但很有收获的过程。几千年来，人们认识到幸运的重要性，但认为这是一种神秘的力量，只能借助迷信的方式才能发挥作用。他们试图通过佩戴吉祥物，触摸树木和避免 13 这个数字来创造幸运。但这些都不起任何作用，因为这些迷信思想都是建立在对幸运的错误理解之上的。科学的调查研究显示，只有四项基本的心理法则才能真正解释生活中的幸与不幸。本书既解释了这四项法则后面的理论，也讲述了把这四项法则融入你生活的实用手段。这些手段有可能增强你日常生活中的好运，丰富你的生活。它能使不幸者成为幸运者，幸运者变得更为幸运。

当然，用不用这些手段取决于你自己。你想不想改变你思考和行动的方式取决于你自己。不过在你做出决定之前，先想一下某种好运将会给你的个人生活和职业生涯带来什么样的效果：比如这种好运是如何帮你建立一个幸福家庭和一个亲密的朋友圈子的；是如何帮你找到梦想的工作和美满的伴侣的；又是如何帮你过上一种健康、快乐和高度满意的生活的。做出必要的改变并不困难，也不需要花很多的时间。你的未来并不是板上钉钉，无法改变的。你注定会遇到许多好运。你能改变命运。你会有更多更好的幸运的变化，使你更多地处在一个正确的时间，一个正确的地点。

每个人都会遇上厄运和好运。那些坚持不懈、正确对付厄运的人，是向着好运前进，并能抓住好运的人。

——罗伯特·科利尔

当你幸运的时候，未来就掌握在你的手中。你所要做的，无非是有一种真诚的转化的愿望，一种以全新的方式来看待你幸运的意愿。因为幸运的正能量需要靠你用行动去激活它。

要想拥有美好的一切，要想彻底改变自己的命运，请从现在开始做起。

附录一

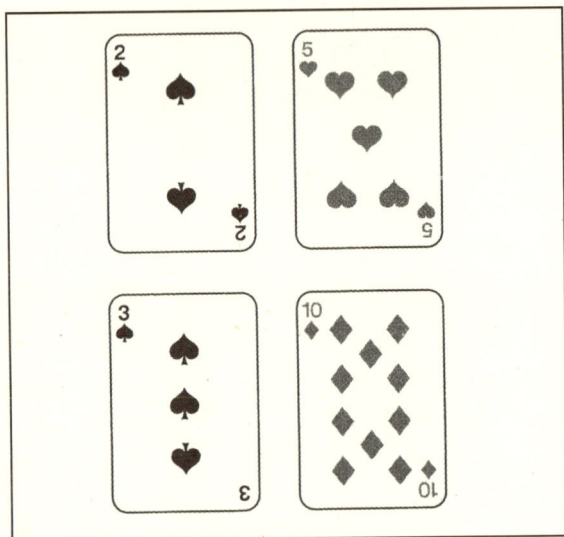

附录二

分析师1   分析师2